中国社会科学院习近平新时代中国特色社会主义思想研究中心研究书系

新时代这十年

2022年主题出版重点出版物

新时代的生态文明建设

当代中国研究所◎编著

宋月红◎主编

图书在版编目(CIP)数据

新时代的生态文明建设 / 当代中国研究所编著；宋月红主编 . -- 北京：当代中国出版社；重庆：重庆出版社，2022.8
（新时代这十年 / 姜辉主编）
ISBN 978-7-5154-1211-5

Ⅰ.①新… Ⅱ.①当…②宋… Ⅲ.①生态环境建设—成就—中国—2012-2022 Ⅳ.① X321.2

中国版本图书馆 CIP 数据核字（2022）第 135494 号

出 版 人	冀祥德
责任编辑	姜楷杰　刘向东
责任校对	康　莹
印刷监制	刘艳平
封面设计	马　帅　鲁　娟
出版发行	当代中国出版社　重庆出版社
地　　址	北京市地安门西大街旌勇里 8 号
网　　址	http://www.ddzg.net
邮政编码	100009
编 辑 部	（010）66572264
市 场 部	（010）66572281　66572157
印　　刷	北京润田金辉印刷有限公司
开　　本	710 毫米 ×1000 毫米　1/16
印　　张	13.25 印张　3 插页　192 千字
版　　次	2022 年 8 月第 1 版
印　　次	2022 年 8 月第 1 次印刷
定　　价	56.00 元

版权所有，翻版必究；如有印装质量问题，请拨打(010)66572159 联系出版部调换。

《新时代这十年》丛书编委会

主　任　姜　辉
副主任　李正华　宋月红
编　委　（按姓氏笔画排列）
　　　　王巧荣　王爱云　李　文　李海潮
　　　　别必亮　张金才　陈兴芜　欧阳雪梅
　　　　郑有贵　高　山　谭扬芳

本卷编写组

主　编　宋月红
成　员　（按姓氏笔画排列）
　　　　杨发庭　龚　浩

文化和中国精神的时代精华，实现了马克思主义中国化新的飞跃，开辟了马克思主义中国化时代化新境界。

新时代十年的伟大变革，迎来了中华民族从站起来、富起来到强起来的伟大飞跃，实现中华民族伟大复兴进入了不可逆转的历史进程。实现中华民族伟大复兴是近代以来中华民族最伟大的梦想，是党一百年来一切奋斗、一切牺牲、一切创造的主题。以习近平同志为核心的党中央坚持和加强党的全面领导，坚持和完善中国特色社会主义制度、推进国家治理体系和治理能力现代化，经受住了来自政治、经济、意识形态、自然界等方面的风险挑战考验，党的面貌、国家的面貌、人民的面貌、军队的面貌、中华民族的面貌发生了前所未有的变化。新时代十年的伟大变革，以中国式现代化推进中华民族伟大复兴，彰显了中国特色社会主义的强大生机活力，为实现中华民族伟大复兴提供了更为完善的制度保证、更为坚实的物质基础、更为主动的精神力量，推进实现中华民族伟大复兴的正确道路越走越宽广。

新时代十年的伟大变革，如期打赢脱贫攻坚战，如期全面建成小康社会，历史性地解决绝对贫困问题，创造了人类减贫史上以至人类发展史上前所未有的奇迹。贫困是人类社会的顽疾，反贫困始终是古今中外治国安邦的一件大事。为决胜全面建成小康社会，以习近平同志为核心的党中央把脱贫攻坚作为全面建成小康社会的底线任务，摆在治国理政的突出位置，组织开展了声势浩大的脱贫攻坚人民战争。党和人民披荆斩棘、栉风沐雨，发扬钉钉子精神，敢于啃硬骨头，攻克了一个又一个贫中之贫、坚中之坚，脱贫攻坚取得了重大历史性成就。现行标准下9899万农村贫困人口全部脱贫，832个贫困县全部摘帽，12.8万个贫困村全部出列。脱贫地区经济社会发展大踏步赶上来，整体面貌发生历史性巨变。脱贫群众精神风貌焕然一新，增添了自立自强的信心勇气。党领导人民打赢脱贫攻坚战，走出了一条中国特色减贫道路，形成了中国特色反贫困理论，创造了减贫治理的中国样本，为全球减贫事业作出了重大贡献。

新时代十年的伟大变革，创造了中国式现代化道路，创造了人类文明新形态。中国实现现代化，是人类历史上前所未有的大变革。在新中国成立特别是改革开放以来的长期探索和实践基础上，经过党的十八大以来在理论和实践上的创新突破，以习近平同志为核心的党中央团结带领人民成功推进和拓展了中国式现代化，推动物质文明、政治文明、精神文明、社会文明、生态文明协调发展，着力推动高质量发展，蹄疾步稳推进改革，扎实推进全过程人民民主，积极发展社会主义先进文化，突出保障和改善民生，统筹经济社会发展和疫情防控，大力推进生态文明建设，坚决维护国家安全，保持社会大局稳定，大力度推进国防和军队现代化建设，坚持"一国两制"和推进祖国统一，坚决维护台海和平稳定，全方位开展中国特色大国外交。中国式现代化，是中国共产党领导的社会主义现代化，是人口规模巨大的现代化，是全体人民共同富裕的现代化，是物质文明和精神文明相协调的现代化，是人与自然和谐共生的现代化，是走和平发展道路的现代化。中国式现代化，书写了中华民族几千年历史上最恢宏的史诗，绘就了人类发展史上最壮美的画卷。

新时代十年的伟大变革，关键在于不断加强党的全面领导。在领导新时代伟大社会革命进程中，拥有9600多万党员的中国共产党成为领导着14亿多人口大国、具有重大全球影响力并长期执政的马克思主义政党，从世界大党变为世界强党。办好中国的事情，关键在党。党的领导是党和国家的根本所在、命脉所在，是全国各族人民的利益所系、命运所系。历史和现实都证明，没有中国共产党，就没有新中国，就没有中华民族伟大复兴。在新时代新征程上，充分发挥党总揽全局、协调各方的领导核心作用，以伟大自我革命引领伟大社会革命。以习近平同志为核心的党中央坚持和加强党的全面领导，坚持一切为了人民、一切依靠人民，持之以恒推进全面从严治党，深入推进新时代党的建设新的伟大工程，不断提高党的建设质量。党中央权威和集中统一领导得到有力保证，党的领导制度体系不断完善，党的领导方式更加科学，全党思想上更加统一、政治上更加团结、行动上更加一致，党的政治领导力、思想引领力、群众组织力、社会号召力显著增强。永葆"赶考"的清醒和坚定，党的自我净化、自我完善、自我革新、自我提高能力显著提高，管党治党宽松软状况得到根本扭转，反腐败斗争取得压倒性胜利并全面创造性转化和创新性发展,使中华文明焕发出蓬勃生机,创造了人类文明新形态,为人类文明进步作出巨大贡献。新时代这十年波澜壮阔、非凡壮丽,在实现中华民族伟大复兴历史进程中如期全面建成小康社会、实现第一个百年奋斗目标,乘势开启全面建设社会主义现代化国家新征程。新时代十年的伟大变革,在党史、新中国史、改革开放史、社会主义发展史、中华民族发展史上具有里程碑意义。

新时代中国特色社会主义的伟大成就,是党和人民一道奋斗出来的。同时,新时代党和国家事业取得的一切历史性成就、发生的历史性变革,根本原因在于有习近平总书记作为党中央的核心、全党的核心的掌舵领航,在于有习近平新时代中国特色社会主义思想的科学指引。在新时代伟大实践中,党确立习近平同志党中央的核心、全党的核心地位,确立习近平新时代中国特色社会主义思想的指导地位,反映了全党全军全国各族人民共同心愿,对新时代党和国家事业发展、对推进中华民族伟大复兴历史进程具有决定性意义。党的十九届六中全会把"两个确立"写入党的第三个历史决议,既是对党百年历史经验的深刻总结,也是对新时代伟大实践经验的高度概括,是时代呼唤、历史选择、民心所向。

新时代孕育新思想,新思想引领新时代。习近平总书记指出:"拥有马克思主义科学理论指导是我们党鲜明的政治品格和强大的政治优势。实践告诉我们,中国共产党为什么能,中国特色社会主义为什么好,归根到底是马克思主义行。"马克思主义是我们立党立国、兴党强国的根本指导思想。党的十八大以来,以习近平同志为核心的党中央坚持把马克思主义基本原理同中国具体实际相结合、同中华优秀传统文化相结合,深刻总结并充分运用党成立以来的历史经验,从新的实际出发,就新时代坚持和发展什么样的中国特色社会主义、怎样坚持和发展中国特色社会主义,建设什么样的社会主义现代化强国、怎样建设社会主义现代化强国,建设什么样的长期执政的马克思主义政党、怎样建设长期执政的马克思主义政党等重大时代课题,提出一系列原创性的治国理政新理念新思想新战略,创立习近平新时代中国特色社会主义思想。这一科学理论体系是当代中国马克思主义、21世纪马克思主义,是中华

总　序

姜　辉

党的十八大以来，以习近平同志为核心的党中央高举中国特色社会主义伟大旗帜，自信自强、守正创新，以伟大的历史主动精神、巨大的政治勇气、强烈的责任担当，统筹把握中华民族伟大复兴战略全局和世界百年未有之大变局，统揽伟大斗争、伟大工程、伟大事业、伟大梦想，统筹推进"五位一体"总体布局，协调推进"四个全面"战略布局，采取一系列战略举措，推进一系列变革性实践，实现一系列突破性进展，取得一系列标志性成果，攻克了许多长期没有解决的难题，办成了许多事关长远的大事要事，推动党和国家事业取得历史性成就、发生历史性变革，创造了新时代中国特色社会主义的伟大成就，开创了中国特色社会主义新时代。

中国特色社会主义新时代是极不寻常、极不平凡的辉煌时代。新时代这十年的发展奇迹和巨大贡献，是中国历史进程中的精彩篇章，也是人类社会发展史上的伟大创造。新时代科学理论的创立，形成当代中国马克思主义、21世纪马克思主义；新时代中国特色社会主义，是世界社会主义的引领旗帜和中流砥柱；新时代中国式现代化道路的开辟，为广大发展中国家走向现代化提供了典范样本和全新选择；新时代中国成为全球发展贡献者和时代引领者，为解决世界难题贡献了中国智慧，为人类对更好社会制度的探索贡献了中国方案；新时代中国推动中华文明巩固。党在革命性锻造中更加坚强，找到了跳出治乱兴衰历史周期率的第二个答案，开辟了自我革命新境界。全面从严治党永远在路上，党的自我革命永远在路上。

九州激荡四海升腾，壮志伟业长留天地。新时代十年的伟大变革，空前凝聚振奋党心军心民心。中国人民更加自信、自立、自强，极大增强了志气、骨气、底气，在历史进程中积累的强大能量充分爆发出来，焕发出前所未有的历史主动精神、历史创造精神。中华民族伟大复兴展现出前所未有的光明前景。

征途漫漫从头越，奋楫扬帆向未来。当代中国正在经历人类历史上最为宏大而独特的实践创新，中华民族伟大复兴进入关键时期，改革发展稳定任务之重、矛盾风险挑战之多、治国理政考验之大都前所未有，世界百年未有之大变局深刻变化前所未有。当前，世界百年大变局加速演进，世纪疫情还在蔓延。中国发展崛起遭到外部反对势力打压遏制，中华民族伟大复兴面临许多可以预料和难以预料的风险挑战。各种风险挑战接踵而至，风高浪急有时甚至是惊涛骇浪，其复杂性严峻性前所未有。中华民族伟大复兴不是轻轻松松、敲锣打鼓就能实现的，必须勇于进行具有许多新的历史特点的伟大斗争，准备付出更为艰巨、更为艰苦的努力。在全面建设社会主义现代化国家、向第二个百年奋斗目标进军的新征程上，党团结带领人民高举中国特色社会主义伟大旗帜，以习近平新时代中国特色社会主义思想为指导，自信自强、守正创新，埋头苦干、勇毅前行，以顽强奋斗不断开辟新天地。弘扬伟大建党精神，敢于斗争、善于斗争，坚持把国家和民族发展放在自己力量的基点上、把中国发展进步的命运牢牢掌握在自己手中，保持战略定力，增强忧患意识，坚持底线思维，坚定斗争意志，增强斗争本领，以正确的战略策略应变局、育新机、开新局，坚定不移推进中华民族伟大复兴历史进程，以奋发有为的精神把新时代中国特色社会主义推向前进，信心百倍地书写着新时代中国发展的伟大历史，到本世纪中叶全面建成社会主义现代化强国，创造新的时代辉煌，铸就新的历史伟业，并继续创造更多令人刮目相看的人间奇迹，使具有5000多年文明历史的中华民族以更加昂扬的姿态屹立于世界民族之林。

目 录

第一章 习近平生态文明思想的科学内涵

第一节 习近平生态文明思想的形成与内在逻辑 …………… 002
一、继承马克思主义自然观、生态观 ……………………… 002
二、根植于中华优秀传统生态文化 ………………………… 004
三、接续新中国生态文明理论和实践 ……………………… 006
四、指导新时代生态文明建设新实践 ……………………… 009

第二节 习近平生态文明思想的理论内涵 …………………… 013
一、"人与自然是生命共同体"的自然观 …………………… 013
二、"保护生态环境就是保护生产力"的生产力理论 ……… 014
三、"绿水青山就是金山银山"的价值观 …………………… 014
四、"良好生态环境是最公平的公共产品"的公共产品理论 … 015
五、"生态文明是人类文明发展的历史趋势"的人类命运共同体理念 … 015

第三节 习近平生态文明思想的重要特征 …………………… 017
一、坚持以人民为中心的发展思想 ………………………… 017
二、充分体现马克思主义唯物辩证法 ……………………… 018
三、强调生态环境治理的系统性 …………………………… 018

四、拓展了全球生态环境治理的可持续发展理念……………………019

第四节　习近平生态文明思想的伟大意义……………………………020
　　一、丰富和发展马克思主义自然观、生态观………………………020
　　二、引领新时代生态文明建设取得历史性成就……………………021
　　三、推动和开创人类生态文明新形态………………………………022

第二章　把生态文明建设放在突出位置

第一节　将生态文明建设纳入"五位一体"总体布局………………024
　　一、生态文明建设的实践和探索……………………………………025
　　二、生态文明建设是"五位一体"总体布局的基础………………026
　　三、将生态文明建设写入党的章程和宪法…………………………027

第二节　中国式现代化道路的生态文明内涵…………………………029
　　一、强调"人与自然和谐共生"的中国式现代化道路……………030
　　二、积极探索人类生态文明新形态…………………………………031

第三节　组建生态环境部统筹"大环保"……………………………034
　　一、落实大部制改革组建生态环境部………………………………034
　　二、生态环境部统筹实现"五个打通"……………………………036

第三章　建立健全生态文明制度体系

第一节　搭建生态文明制度体系基本框架……………………………037
　　一、出台《关于加快推进生态文明建设的意见》…………………038
　　二、出台《生态文明体制改革总体方案》…………………………039

第二节　完善和落实主体功能区制度…………………………………042
　　一、坚定不移实施主体功能区规划…………………………………042
　　二、推动主体功能区建设的地方实践………………………………046

第三节　健全自然资源资产产权制度 ······ 052
- 一、布局建立自然资源资产产权制度 ······ 052
- 二、推动多项自然资源产权制度完善 ······ 054
- 三、深化自然资源资产产权制度改革 ······ 056

第四节　构建国土空间开发保护制度 ······ 057
- 一、做好国土空间规划工作 ······ 057
- 二、强化国土空间用途管制 ······ 058
- 三、完善生态环境保护标准 ······ 060

第五节　严明生态环境保护责任制度 ······ 062
- 一、明确生态环境保护责任清单 ······ 063
- 二、打造现代环境治理体系 ······ 066
- 三、构建生态环境损害赔偿制度 ······ 067

第六节　完善生态环境监管制度 ······ 068
- 一、建立健全生态环境监管制度 ······ 068
- 二、完善优化国土环境监测体系 ······ 071
- 三、强化环境监管执法制度安排 ······ 073

第七节　完善生态环境保护法律制度 ······ 078
- 一、完成环境保护法全面修订 ······ 078
- 二、制定生态环境保护新法律 ······ 079
- 三、完善相关生态环境保护法律 ······ 080

第四章　加大生态保护与修复力度

第一节　建立以国家公园为主体的自然保护地体系 ······ 084
- 一、布局新时代国家公园体制 ······ 084
- 二、公布设立第一批国家公园 ······ 087
- 三、打造国家公园典范——三江源 ······ 090

第二节　强化自然保护区建设 ··· 093
一、划定生态保护红线 ··· 094
二、强化各类型自然保护区建设 ···································· 096
三、加强涉及自然保护区的监督管理 ······························· 101

第三节　加强生物多样性保护 ··· 102
一、完善生物多样性保护相关政策 ·································· 102
二、实施保护生物多样性举措 ······································· 104
三、积极应对外来物种入侵 ··· 106
四、生物多样性保护不断取得新成效 ······························· 107

第四节　全方位做好生态环境治理与督查 ······························ 110
一、重点流域水质明显改善 ··· 110
二、海洋环境保护力度不断强化 ···································· 111
三、声音、辐射和核安全总体平稳 ································· 113
四、全面禁止洋垃圾入境 ·· 114

第五章　推动生产生活方式全面向绿色转型

第一节　推进生产方式绿色化 ··· 116
一、贯彻新发展理念推动高质量发展 ······························· 117
二、加快经济结构向绿色转型 ······································· 119
三、推动产业结构向绿色转型 ······································· 119
四、推动能源结构向绿色转型 ······································· 122

第二节　加快生活方式绿色化 ··· 123
一、拓宽公众参与生态文明建设渠道 ······························· 124
二、加强生态文明宣传教育 ··· 126
三、做好环境与健康工作 ·· 127
四、加强环境保护人才队伍建设 ···································· 129

第三节　促进空间格局绿色化 ··· 130
一、全面改善城市空气质量 ··· 130

二、深度优化城市水环境 ·· 134
　　三、推进"无废城市"建设 ·· 136

第四节　统筹推进生态文明建设和疫情防控工作 ································ 139
　　一、扎实做好"六稳"工作、全面落实"六保"任务的重大决策 ···· 139
　　二、做好医疗废物处置 ·· 140

第六章　着力解决突出环境问题

第一节　深入打好污染防治攻坚战 ·· 142
　　一、全面部署"坚决打好污染防治攻坚战" ······································ 143
　　二、整体谋划"深入打好污染防治攻坚战" ······································ 146
　　三、圆满完成阶段性目标任务，生态环境质量明显改善 ················ 147

第二节　坚决打赢蓝天保卫战 ·· 154
　　一、持续推进"蓝天保卫"行动计划 ·· 154
　　二、系统开展大气治理，协调推进空气环境改善 ························· 157
　　三、深入打赢蓝天保卫战，强化清新空气保护 ····························· 160

第三节　着力打好碧水保卫战 ·· 162
　　一、科学制定"碧水保卫"行动计划 ·· 162
　　二、深化重点领域攻坚战，着力打好碧水保卫战 ························· 163
　　三、持续打好碧水保卫战，强化美丽河湖保护 ····························· 165

第四节　扎实推进净土保卫战 ·· 166
　　一、系统制定"净土保卫"行动计划 ·· 167
　　二、全面防治土壤污染，强化土壤污染风险管控 ························· 168
　　三、深入打好净土保卫战，加强清洁沃土保护 ····························· 169

第五节　开展农村环境整治 ··· 170
　　一、部署"农业农村污染治理攻坚战"行动计划 ····························· 171
　　二、推进乡村绿色发展，促进乡村振兴 ······································· 173
　　三、加强农业农村污染治理，改善农村生态环境 ························· 176

第七章　携手共建清洁美丽的地球绿色家园

第一节　提出全球生态环境治理的中国方案·················177
一、全面阐述人类命运共同体理念·····················178
二、人类命运共同体理念是全球生态文明建设的理论基础··········179
三、以人类命运共同体理念引导共建全球生态文明············180

第二节　把碳达峰、碳中和纳入生态文明建设整体布局·········182
一、展现建设美丽世界的大国担当···················182
二、稳步推进碳达峰和碳中和工作···················184
三、低碳转型发展不断取得新成效···················185

第三节　引领全球生态文明建设····················188
一、牵头建立"一带一路"绿色发展国际联盟··············189
二、支持其他发展中国家建设美丽地球·················191
三、参与推动全球生态治理体系构建··················193

后　记···································195

第一章　习近平生态文明思想的科学内涵

良好生态环境是实现中华民族永续发展的内在要求,是增进民生福祉的优先领域。当代中国正经历着历史上最为广泛而深刻的经济社会变革,党的十八大以来,以习近平同志为核心的党中央以前所未有的力度抓生态文明建设,坚持运用马克思主义立场、观点、方法研究和解决生态文明建设问题,强调"生态文明建设是关乎中华民族永续发展的根本大计,保护生态环境就是保护生产力,改善生态环境就是发展生产力"[1],全面谋划和整体推进经济建设、政治建设、文化建设、社会建设、生态文明建设"五位一体"的中国特色社会主义事业总体布局,在此过程中形成了习近平生态文明思想。

习近平生态文明思想深刻回答了为什么建设生态文明、建设什么样的生态文明、怎样建设生态文明等重大理论和实践问题,是习近平新时代中国特色社会主义思想的重要组成部分,是当代马克思主义中国化的原创性理论成果,为推进

---

[1]《中共中央关于党的百年奋斗重大成就和历史经验的决议》,人民出版社2021年版,第51页。

新时代生态文明建设、实现人与自然和谐共生的现代化提供了方向指引和根本遵循。

第一节　习近平生态文明思想的形成与内在逻辑

习近平生态文明思想是新时代生态文明建设的科学指南、行动纲领和根本遵循，是推进生态文明、建设美丽中国的强大思想武器。习近平生态文明思想是历史逻辑、理论逻辑、实践逻辑、时代逻辑的统一，指导新时代生态文明建设取得伟大成就。

一、继承马克思主义自然观、生态观

生态环境问题是关系人类生存和发展的关键问题，也是影响社会经济稳定和发展的重要因素。工业革命以来，社会生产力快速发展，人与自然的矛盾不断加深，环境问题日益凸显。马克思克服旧哲学的局限性和片面性，从历史唯物主义和辩证唯物主义角度出发，深刻阐释了人与自然的辩证统一关系，指出资本主义生产方式是导致人与自然关系异化和生态危机的根源，提出实现人同自然的和解以及人类自身的和解，形成了系统科学的马克思主义自然观、生态观。

马克思强调"没有自然界，没有感性的外部世界，工人什么也不能创造"[1]，自然界是人类赖以生存和发展的前提与基础，人们通过劳动从自然界获得基本生活资料，"自然界，就它自身不是人的身体而言，是人的无机的身体。人靠自然界生活。"[2]马克思、恩格斯认为资本主义制度造成人与自然的对立，资本主义天然的逐利性、资本家对剩余价值的追求，必然会造成资本主义社会对自然资源的疯狂掠夺、对自然环境的无休止破坏。资本主义社会中劳动的异化，使得人们忽视了对生态环境

---

[1]《马克思恩格斯全集》第3卷，人民出版社2002年版，第269页。
[2]《马克思恩格斯全集》第3卷，人民出版社2002年版，第272页。

的保护和可持续开发，造成了人与自然的严重对立。对此，马克思、恩格斯强调"因为人是自然界的一部分"，[1]因此，"我们不要过分陶醉于我们人类对自然界的胜利。对于每一次这样的胜利，自然界都对我们进行报复。每一次胜利，起初确实取得了我们预期的结果，但是往后和再往后却发生完全不同的、出乎预料的影响，常常把最初的结果又消除了。"[2]

马克思和恩格斯指出，我们这个世纪面临的大变革是人类与自然的和解以及人类本身的和解。[3]他们认为，要实现"两种和解"，就必须废除资本主义制度及其生产方式，实行社会主义生产方式，即实行以劳动者为主体的所有制。在社会主义生产方式中，劳动者和生产资料相结合，人们在生产中的关系表现为劳动者的互助合作关系，生产的目的是满足全体劳动者物质和文化生活的需要。社会主义社会彻底摆脱了以经济利益为中心的发展模式，广大劳动者将在全社会的范围内自由地联合起来进行自主的社会劳动，实现了人类本身的和解和人与自然的和谐相处。

列宁继承了马克思和恩格斯的自然观、生态观，并以俄国革命建设实践为基础，创立了列宁生态文明思想。列宁认为，"马克思学说具有无限力量，就是因为它正确。它完备而严密，它给人们提供了决不同任何迷信、任何反动势力、任何为资产阶级压迫所作的辩护相妥协的完整的世界观。"[4]同马克思、恩格斯一样，列宁也指出了资本主义生产方式带来的生态环境问题，"资本主义经济的基本特性，就是不能科学地、合理地利用土地和劳动力"[5]。作为资本主义最高阶段的帝国主义，也是资产阶级最贪婪的阶段，金融资本从全世界范围内搜挖财富，对无产阶级进行残酷压榨的同时对自然资源进行疯狂的掠夺和破坏。列宁强调

---

[1]《马克思恩格斯全集》第 3 卷，人民出版社 2002 年版，第 272 页。
[2]《马克思恩格斯全集》第 26 卷，人民出版社 2014 年版，第 769 页。
[3]《马克思恩格斯全集》第 3 卷，人民出版社 2002 年版，第 449 页。
[4]《列宁全集》第 23 卷，人民出版社 1990 年版，第 41 页。
[5]《列宁论新经济政策》，人民出版社 2014 年版，第 32 页。

实行社会主义制度是解决生态环境问题的根本途径,"在社会主义制度下,……一定能使劳动的卫生条件更好,使千百万工人免受烟雾、灰尘和泥垢之苦,使肮脏的、令人厌恶的工作间变成清洁明亮的、适合人们工作的实验室。"[1]

列宁强调要肯定并尊重自然规律,"人的劳动是无法代替自然力的,就象普特不能代替俄尺一样。无论在工业或农业中,人只能在认识到自然力的作用以后利用这种作用,并借助机器和工具等等以减少利用中的困难。"[2]在俄国革命取得胜利后,列宁主张无产阶级政权应该合理利用自然资源,提高生产率,节约资源,满足人民群众的生存发展需要。在实践层面,列宁时期制定发布了多个关于自然保护和合理利用自然资源的文件,并开始建立自然保护区和禁区体系,为生态文明建设做出有益探索。

二、根植于中华优秀传统生态文化

中国人民自古以来就有追求人与自然和谐共存的文化基因,传统文化中蕴含了丰富的生态智慧和价值理念。习近平总书记强调:"我们中华文明传承五千多年,积淀了丰富的生态智慧。'天人合一'、'道法自然'的哲理思想,'劝君莫打三春鸟,儿在巢中望母归'的经典诗句,'一粥一饭,当思来处不易;半丝半缕,恒念物力维艰'的治家格言,这些质朴睿智的自然观,至今仍给人以深刻警示和启迪。"[3]

古代中国强调"天人合一"和"道法自然"的生态理念,强调人是自然的一部分,人与自然休戚相关、共存共生,即所谓"天地与我并生,而万物与我为一"。人类需要认识自然、顺应自然,按照自然规律办事,与自然和谐共处。老子在《道德经》中说:"生而不有,为而不恃,长而不宰",强调"衣养万物而不为主",认为人们要善待万物,滋养其

---

[1]《列宁全集》第23卷,人民出版社1990年版,第94页。
[2]《列宁全集》第5卷,人民出版社1986年版,第90页。
[3]《习近平关于社会主义生态文明建设论述摘编》,中央文献出版社2017年版,第6页。

生长，"贵以身为天下"及"爱以身为天下"。

"天人合一"和"道法自然"的生态理念，强调对自然的利用要取用有节。《诗经·行苇》有言："敦彼行苇，牛羊勿践履。方苞方体，维叶泥泥。"孔子强调"钓而不纲，弋不射宿"，用鱼竿钓鱼，而不用大网来捕鱼；用箭去射猎物，但不射归巢栖息的鸟。曾子也讲"树木以时伐焉，禽兽以时杀焉"，树木要在适当的时候砍伐，禽兽要在适当的时候捕杀。"天人合一"和"道法自然"的生态理念，强调农业生产活动要遵照节气、时令，不违农时。《齐民要术》中倡导，"顺天时，量地利，则用力少而成功多，任情返道，劳而无获"，即如果按照季节农时耕作，便可以用较少的劳力获得更多的收获。而如果按照主观意愿去任意劳作，其结果只能是劳而无获。

为了强化对生态环境的尊重和保护，古人赋予"天"特殊含义。汉代董仲舒提出"天出灾害以谴告之"，强调天有意志、有主宰人间吉凶赏罚的属性。天和人同类相通，相互感应，天能干预人事，人亦能感应上天。亦因如此，人们要遵从天道，否则"不敬畏天，其殃来至暗"。

古代中国之所以强调"天人合一"和"道法自然"的生态理念，其根本目的是促进人与自然的和谐共生，推动人类社会可持续发展。孟子强调治理国家需遵从"王道"，"不违农时""数罟不入洿池""斧斤以时入山林"，即按照农时进行劳动，不用密网捕捞，按一定的季节入山伐木，如此才可以实现"谷不可胜食""鱼鳖不可胜食""材木不可胜用"，达到"使民养生丧死无憾"。荀子在《王制》篇中强调，"圣王之制"就是在植物生长时"斧斤不入山林"，在动物孕育时"罔罟毒药不入泽"，按时进行春耕、夏耘、秋收、冬藏，如此则可以实现"山林不童而百姓有余材"，"鱼鳖优多而百姓有余用"，"五谷不绝而百姓有余食"。

在中国历史上，"天人合一"和"道法自然"的生态理念在制度层面已经有了具体体现。《尚书》中记载尧、舜时期设立虞官，负责管理山川林木和鸟兽鱼虫，强调"以时禁发"，即按照动植物季节生长的规律，指导百姓合理利用自然资源。管仲制定了严格的刑法，"有动封山者，罪死而不赦。有犯令者，左足入，左足断；右足入，右足断。"秦

《田律》规定，春天二月，不准到山林中砍伐木材，不准堵塞水道，非夏季不准烧草作为肥料，不准采刚发芽的植物，或捉取幼兽、卵，不准毒杀鱼鳖等等。宋太祖于建隆二年（961年）颁行《禁采捕诏》，禁止在鸟兽鱼虫繁殖、生长期进行采捕。

中国传统文化中关于生态文明的认识同当代中国可持续发展理念一脉相承，为当代中国生态文明建设提供了历史经验和借鉴。

三、接续新中国生态文明理论和实践

中国共产党成立以来，将马克思主义基本原理与中国革命、建设和改革实践相结合，形成了毛泽东思想、邓小平理论、"三个代表"重要思想和科学发展观等重要理论成果，在充分吸收继承马克思、恩格斯、列宁生态文明思想的基础上，结合中国具体国情，创造性地提出了具有中国特色、符合中国实际、满足中国需要的生态文明思想，指导了中国社会主义生态文明建设实践。

新中国成立之初百废待兴，社会生产力水平较低，同时还面临各种自然灾害威胁。毛泽东同志从中国实际出发，鼓励人民群众充分发挥主观能动性，合理改造自然，开发利用各项自然资源。如针对长期战争后因水利失修造成的水患灾害，毛泽东同志强调"一定要把淮河修好"，"要把黄河的事情办好"，"一定要根治海河"。毛泽东同志在强调开发自然资源的同时也高度重视加强生态保护，他多次指出扩大生产要以不造成水土流失为前提，开荒"必须注意水土保持工作，决不可以因为开荒造成下游地区的水灾。"[1] 1955年12月，毛泽东同志在为中共中央起草的《征询对农业十七条的意见》中强调："在十二年内，基本上消灭荒地荒山，在一切宅旁、村旁、路旁、水旁，以及荒地上荒山上，即在一切可能的地方，均要按规格种起树来，实行绿化。"[2] 1973年，国务院召开第一次全国环境保护会议，此次会议确定了环境保护工作方针，讨论

---

[1]《毛泽东文集》第6卷，人民出版社1999年版，第466页。
[2]《毛泽东文集》第6卷，人民出版社1999年版，第509页。

通过了《关于保护和改善环境的若干规定（试行草案）》。此次会议的召开标志着环境保护在中国开始被列入各级政府的职能范围，会议期间制定的环境保护方针、政策和措施，为开创中国的环境保护事业指明了方向，抓住了重点，确定了目标和任务。会议之后，从中央到地方及其有关部门，都相继建立了环境保护机构，并着手对一些污染严重的工业企业、城市和江河进行初步治理，中国的环境保护工作开始起步。

改革开放后，邓小平同志系统反思中国生态文明建设的经验教训，立足改革开放实践需要，阐述了经济发展和人口、资源、环境相协调的生态文明思想。邓小平同志指出经济建设和环境保护要协调并进，在推进经济建设时要时刻注意环境保护问题，在推行环境保护时也要发挥其经济效用，如针对黄土高原水土流失问题，他指出："我们计划在那个地方先种草后种树，把黄土高原变成草原和牧区，就会给人们带来好处，人们就会富裕起来，生态环境也会发生很好的变化。"[1]邓小平同志将"科学技术是第一生产力"的思想贯彻到环境保护理念中，强调科学是解决环境问题的关键，无论是追求发展，还是保护生态环境，都要依靠科学，指出"解决农村能源，保护环境等等，都要靠科学。"[2]

在对世界和中国发展变化趋势、对党在新的历史条件下所担负的使命和对执政党的性质与宗旨全面系统分析基础上，以江泽民同志为核心的第三代中央领导集体，在继承马列主义、毛泽东思想、邓小平理论基础上，提出"三个代表"重要思想。"三个代表"重要思想蕴含了丰富的生态文明思想，强调"在社会主义现代化建设中，必须把贯彻实施可持续发展战略始终作为一件大事来抓"[3]，要求统筹经济发展、保护资源和保护生态环境。"不仅要安排好当前的发展，还要为子孙后代着想，为未来的发展创造更好的条件，决不能走浪费资源和先污染后治理的路

---

[1]《邓小平思想年编（1975—1997）》，中央文献出版社2011年版，第442—443页。
[2]《邓小平思想年编（1975—1997）》，中央文献出版社2011年版，第449页。
[3]《江泽民文选》第1卷，人民出版社2006年版，第532页。

子,更不能吃祖宗饭、断子孙路。"[1]江泽民同志强调实现可持续发展,需要转变经济增长方式,优化产业结构,提高资源利用率,"在加快发展中决不能以浪费资源和牺牲环境为代价。任何地方的经济发展都要注重提高质量和效益,注重优化结构,都要坚持以生态环境良性循环为基础,这样的发展才是健康、可持续的"[2],实现经济发展与生态环境改善同步进行,"可持续发展能力不断增强,生态环境得到改善,资源利用效率显著提高,促进人与自然的和谐,推动整个社会走上生产发展、生活富裕、生态良好的文明发展道路。"[3]1994年,中国发布国家级可持续发展战略规划——《中国21世纪议程——中国21世纪人口、环境与发展白皮书》。党的十五大提出,把实现可持续发展作为跨世纪发展的战略任务。1998年至2002年,中国在环境保护和生态建设方面的投入达到同期国内生产总值的1.29%,是1950年至1997年这方面投入总和的1.8倍。同时,加强环境保护法律法规体系建设,至2002年全国人大共制定和完善相关法律24部,国务院及有关部门制定相关行政规章100余部。[4]

党的十六大以来,以胡锦涛同志为总书记的党中央,在吸收继承马列主义、毛泽东思想、邓小平理论、"三个代表"重要思想的基础上,立足社会主义初级阶段基本国情,总结中国发展实践,借鉴国外发展经验,提出了科学发展观这一重大战略思想。科学发展观强调坚持以人为本、全面协调可持续的发展观,强调建立资源节约型和环境友好型社会。胡锦涛同志强调,"面对资源约束趋紧、环境污染严重、生态系统退化的严峻形势,必须树立尊重自然、顺应自然、保护自然的生态文明理念,把生态文明建设放在突出地位,融入经济建设、政治建设、文化建设、社会建设各方面和全过程,努力建设美丽中国,实现中华民族永

---

[1]《江泽民文选》第1卷,人民出版社2006年版,第532页。
[2]《江泽民思想年编(1989—2008)》,中央文献出版社2010年版,第246页。
[3] 江泽民:《全面建设小康社会 开创中国特色社会主义事业新局面》,人民出版社2002年版,第20页。
[4] 本书编写组:《改革开放简史》,人民出版社、中国社会科学出版社2021年版,第121页。

续发展。"〔1〕他强调，坚持以人为本的科学发展观，树立尊重自然、顺应自然、保护自然的生态文明理念，坚持节约资源和保护环境的基本国策，坚持节约优先、保护优先、自然恢复为主的方针，着力推进绿色发展、循环发展、低碳发展，转变产业结构、生产方式、生活方式，从源头上扭转生态环境恶化趋势，为人民创造良好生产生活环境，为全球生态安全作出贡献。党的十六大至十八大期间，中国强化环保立法，陆续出台《中华人民共和国清洁生产促进法》等一系列法律文件；成立环境保护部，统筹环境保护工作，加强环保经费投入；推动发展绿色低碳能源，至2010年，核电在建规模、水电装机容量、可再生能源装机容量、农村沼气用户量均居世界首位，风电装机容量居世界第二；启动全国范围内污染源普查，建立全国污染源普查数据库；下大力气治理土地荒漠化，实施世界上首部防沙治沙法律——《中华人民共和国防沙治沙法》。〔2〕

四、指导新时代生态文明建设新实践

"一切划时代的体系的真正的内容都是产生这些体系的时代的需要。"〔3〕新时代的生态文明建设需要新思想的指导，新思想引领新时代的生态文明建设。

改革开放以来，党和国家事业取得重大成就，为新时代发展中国特色社会主义事业奠定了坚实基础、创造了有利条件。然而，中国在取得巨大发展成就的同时也造成了严重环境污染、资源浪费和生态失衡等问题，《国家环境保护"十二五"规划》指出：中国环境状况总体恶化的趋势尚未得到根本遏制，环境矛盾凸显，压力继续加大。一些重点流域、海域水污染严重，部分区域和城市大气灰霾现象突出，许多地区主

---

〔1〕 胡锦涛：《坚定不移沿着中国特色社会主义道路前进 为全面建成小康社会而奋斗》，人民出版社2012年版，第39页。

〔2〕 本书编写组：《改革开放简史》，人民出版社、中国社会科学出版社2021年版，第192—194页。

〔3〕《德意志意识形态（节选本）》，人民出版社2003年版，第88页。

要污染物排放量超过环境容量。农村环境污染加剧，重金属、化学品、持久性有机污染物以及土壤、地下水等污染显现。部分地区生态损害严重，生态系统功能退化，生态环境比较脆弱。核与辐射安全风险增加。人民群众环境诉求不断提高，突发环境事件的数量居高不下，环境问题已成为威胁人体健康、公共安全和社会稳定的重要因素之一。生物多样性保护等全球性环境问题的压力不断加大。环境保护法制尚不完善，投入仍然不足，执法力量薄弱，监管能力相对滞后。同时，随着人口总量持续增长，工业化、城镇化快速推进，能源消费总量不断上升，污染物产生量将继续增加，经济增长的环境约束日趋强化。"生态文明建设仍然是一个明显短板，资源环境约束趋紧、生态系统退化等问题越来越突出，特别是各类环境污染、生态破坏呈高发态势，成为国土之伤、民生之痛。如果不抓紧扭转生态环境恶化趋势，必将付出极其沉重的代价。"〔1〕

　　从世界发展趋势来看，可持续发展已经成为全球共识。1983年，联合国成立世界环境与发展委员会，该委员会在1987年发表《我们的共同未来》，阐述了可持续发展理念。1992年，联合国在里约热内卢召开环境与发展大会，中国国务院总理李鹏出席会议，并做重要讲话。会议通过关于环境与发展的《里约热内卢宣言》《21世纪议程》《森林原则声明》，签署了《保护生物多样性公约》《气候变化框架公约》等文件。2002年，联合国召开可持续发展世界首脑峰会，中国国务院总理朱镕基做了主题发言。大会通过《执行计划》和《约翰内斯堡宣言》两份重要文件。其中强调世界要走可持续发展之路，并敦促发达国家兑现援助发展中国家可持续发展的承诺；强调世界各国领导人对促进和加强环境保护、社会和经济发展的集体责任，并重申要遵守里约峰会的原则和全面执行《21世纪议程》。2012年，联合国可持续发展大会在里约热内卢召开，中国国务院总理温家宝出席大会并做重要讲话。这次会议中，各国

---

〔1〕《中共中央关于党的百年奋斗重大成就和历史经验的决议》，人民出版社2021年版，第51页。

经过反复磋商形成《我们憧憬的未来》的成果文件，强调在可持续发展和消除贫困的背景下发展绿色经济和形成关于可持续发展的制度框架。

2012年，党的十八大胜利召开，开启了中国特色社会主义新时代。新时代最鲜明的特征是社会主要矛盾的变化，即社会主要矛盾从人民日益增长的物质文化需要同落后的社会生产之间的矛盾，转变为人民日益增长的美好生活需要和不平衡不充分的发展之间的矛盾。人民对美好生活的需要不仅包括对物质文化的需要，还包括对民主、法治、公平、正义、安全、环境等方面的需要，其中优美的生态环境自然而然也是美好生活需要的一部分。虽然中国取得了长足发展，但这种发展是不平衡不充分的，并且造成了局部的环境问题和生态失衡。进入新时代，中国社会主要矛盾已经发生转化，所要解决的首要问题就不仅仅是发展的问题，还有实现平衡的发展、充分的发展以满足人民对优美的生态环境等美好生活所涉及的各个方面的需要。

党的十八大站在历史和全局的战略高度，布局中国特色社会主义"五位一体"总体格局，统筹经济现代化、政治现代化、文化现代化、社会现代化和生态文明现代化。党的十八大报告中指出，当前我国生态文明面临多种问题，"发展中不平衡、不协调、不可持续问题依然突出"，"资源环境约束加剧"，"社会矛盾明显增多，教育、就业、社会保障、医疗、住房、生态环境、食品药品安全、社会治安、执法司法等关系群众切身利益的问题较多，部分群众生活比较困难"，[1]要求"把生态文明建设放在突出地位，融入经济建设、政治建设、文化建设、社会建设各方面和全过程，努力建设美丽中国，实现中华民族永续发展。"[2]

党的十八大以来，以习近平同志为核心的党中央始终把生态文明建设摆在全局工作的突出位置，开展一系列根本性、开创性、长远性工作。在"五位一体"总体布局中，生态文明建设是其中一位；在新时代

---

[1] 胡锦涛：《坚定不移沿着中国特色社会主义道路前进 为全面建成小康社会而奋斗》，人民出版社2012年版，第5页。

[2] 胡锦涛：《坚定不移沿着中国特色社会主义道路前进 为全面建成小康社会而奋斗》，人民出版社2012年版，第39页。

坚持和发展中国特色社会主义的基本方略中，坚持人与自然和谐共生是其中一条；在新发展理念中，绿色是其中一项；在三大攻坚战中，污染防治是其中一战；在到本世纪中叶建成社会主义现代化强国目标中，美丽中国是其中一个。

2017年，党的十九大审议通过关于《中国共产党章程（修正案）》的决议，将习近平新时代中国特色社会主义思想写入党章，确立习近平新时代中国特色社会主义思想的指导地位。2018年，十三届全国人大一次会议通过《中华人民共和国宪法修正案》，把习近平新时代中国特色社会主义思想载入宪法，将党的指导思想转化为国家指导思想，以国家根本法的形式确立习近平新时代中国特色社会主义思想在国家政治和社会生活中的指导地位。习近平总书记在党的十九大报告中，全面回顾党的十八大以来中国共产党带领人民群众在生态文明建设上面取得的显著成效，强调"生态环境保护任重道远"，明确提出要推进绿色发展，着力解决突出环境问题，加大生态系统保护力度，改革生态环境监管体制，加快生态文明体制改革，建设美丽中国。党的十九大制定了决胜全面建成小康社会、夺取新时代中国特色社会主义伟大胜利的宏伟蓝图和行动纲领，解决人民日益增长的美好生活需要和不平衡不充分的发展之间的矛盾，对加强生态文明建设提出新要求，并将污染防治作为决胜全面建成小康社会的三大攻坚战之一。

以习近平同志为核心的党中央以前所未有的力度抓生态文明建设，强调"绿水青山就是金山银山"重要发展理念，强调"生态文明建设是关乎中华民族永续发展的根本大计，保护生态环境就是保护生产力，改善生态环境就是发展生产力，决不以牺牲环境为代价换取一时的经济增长"，从思想、法律、体制、组织、作风上全面发力，全方位、全地域、全过程加强生态环境保护，推动划定生态保护红线、环境质量底线、资源利用上线，开展一系列根本性、开创性、长远性工作，全党全国推动绿色发展的自觉性和主动性显著增强，美丽中国建设迈出重大步伐，中国生态环境保护发生历史性、转折性、全局性变化。基于新时代推进生态文明现代化的理论创新和实践探索，形成了习近平生态文明思想，并成为习近平新时代中国特色社会主义思想的重要组成部分。

第二节 习近平生态文明思想的理论内涵

习近平生态文明思想内涵丰富、博大精深，深刻回答了新时代生态文明建设和生态环境保护一系列重大理论和实践问题，是建设生态文明的强大思想武器，为推进美丽中国建设提供了方向指引和根本遵循。

一、"人与自然是生命共同体"的自然观

马克思主义认为，人类的生存和发展依赖于自然界，自然界对于人类的产生、生存和发展具有根本性地位，"人本身是自然界的产物，是在自己所处的环境中并且和这个环境一起发展起来的"[1]。人类正是在改造自然界的生产劳动中，通过能动的实践活动来实现"环境的改变和人的活动的一致"。

人因自然而生，人与自然是一种共生关系。习近平总书记强调"自然是生命之母，人与自然是生命共同体，人类必须敬畏自然、尊重自然、顺应自然、保护自然。"[2]生态是统一的自然系统，是相互依存、紧密联系的有机链条，"如果破坏了山、砍光了林，也就破坏了水，山就变成了秃山，水就变成了洪水，泥沙俱下，地就变成了没有养分的不毛之地，水土流失，沟壑纵横。"[3]要按照生态系统的整体性、结构性、层次性和开放性，统筹考虑自然生态各要素，增强生态系统循环能力，维护生态平衡。

---

[1]《马克思恩格斯选集》第3卷，人民出版社2012年版，第410页。
[2]《习近平新时代中国特色社会主义思想学习纲要》，学习出版社、人民出版社2019年版，第167页。
[3]《习近平关于社会主义生态文明建设论述摘编》，中央文献出版社2017年版，第55—56页。

二、"保护生态环境就是保护生产力"的生产力理论

马克思主义认为,物质生产力是全部社会生活的物质基础。马克思、恩格斯提出"全部生产力"的概念,强调"随着联合起来的个人对全部生产力的占有,私有制也就终结了。"[1]全部的生产力既包括"劳动的社会生产力",也包括"劳动的自然生产力",是自然生产力与社会生产力的统一。

习近平总书记指出:"保护生态环境就是保护生产力,改善生态环境就是发展生产力。"[2]这一重要论断阐明了生态环境与生产力之间的辩证关系,明确了生态环境本身具有生产力的属性,是对马克思主义生产力理论的深化和拓展。这一重要论述将生态上升至生产力的高度,丰富了生产力的内涵,将资源、环境与生态一并纳入生产力范畴,把生态环境作为经济发展的内生变量,把发展生产力与保护生态环境有机联系起来,强调在保护环境的基础上发展生产力,在发展生产力的基础上改善生态环境。

三、"绿水青山就是金山银山"的价值观

马克思主义认为:"没有自然界,没有感性的外部世界,工人什么也不能创造。自然界是工人的劳动得以实现、工人的劳动在其中活动、工人的劳动从中生产出和借以生产出自己的产品的材料。但是,自然界一方面在这样的意义上给劳动提供生活资料,即没有劳动加工的对象,劳动就不能存在,另一方面,也在更狭隘的意义上提供生活资料,即维持工人本身的肉体生存的手段。"[3]马克思主义肯定自然价值,认为人是在自然的基础上通过具体劳动进行价值创造的。

习近平总书记指出:"我们既要绿水青山,也要金山银山。宁要绿

---

[1]《马克思恩格斯文集》第 1 卷,人民出版社 2009 年版,第 582 页。
[2]《习近平关于社会主义生态文明建设论述摘编》,中央文献出版社 2017 年版,第 4 页。
[3] 马克思:《1844 年经济哲学手稿》,人民出版社 2018 年版,第 200—201 页。

水青山，不要金山银山，而且绿水青山就是金山银山。"[1] "绿水青山就是金山银山"的科学论断，揭示了生态保护与经济发展的辩证关系，绿水青山既是自然财富、生态财富，又是社会财富、经济财富。良好生态本身蕴含着无穷的经济价值，良好生态环境既是自然财富，也是经济财富，能够源源不断创造综合效益，是经济社会可持续发展的基础。

四、"良好生态环境是最公平的公共产品"的公共产品理论

马克思主义公共产品理论认为，公共产品的本质属性在于其"公益性"，在于满足人们生存和发展的社会共同体需要。

良好的生态环境是人类生产生活的基本前提，是衡量人们幸福指数的重要指标。习近平总书记指出："良好生态环境是最公平的公共产品，是最普惠的民生福祉"[2]，阐明了生态与民生的关系，强调了生态产品具有满足社会共同利益的公共属性。进入新时代，人民群众对清新空气、清澈水质、清洁环境等良好生态产品的需求越来越迫切。习近平总书记指出，"加大关系群众切身利益的重点领域执法司法力度，让天更蓝、水更清、空气更清新、食品更安全、交通更顺畅、社会更和谐有序。"[3] 习近平总书记强调，要坚持绿水青山就是金山银山的理念，坚定不移走生态优先、绿色发展之路，让良好生态环境成为人民幸福生活的增长点、成为经济社会持续健康发展的支撑点、成为展现我国良好形象的发力点。

五、"生态文明是人类文明发展的历史趋势"的人类命运共同体理念

马克思通过对人类社会发展历史的分析，指出人类共同体发展经过了三个阶段，即自然形成的共同体、完全虚幻的共同体和真正的共同

---

[1]《习近平关于社会主义生态文明建设论述摘编》，中央文献出版社 2017 年版，第 21 页。
[2]《习近平关于全面深化改革论述摘编》，中央文献出版社 2014 年版，第 107 页。
[3]《习近平谈治国理政》第 3 卷，外文出版社 2020 年版，第 353 页。

体。在生产力不发达阶段，人类需要结成群体，在共同的劳动生活中形成了氏族、部落等形式的自然共同体。自然共同体是以人的依赖关系为基础，基于血缘、习俗、语言等形成的封闭共同体；随着生产力的发展，个人从自然共同体中解放出来成为"自由的人"，并进入以资本主义国家为代表的完全虚幻的共同体。完全虚幻的共同体以物的依赖关系为基础，追求个人利益和利益交换，由于个体利益和共同利益之间存在矛盾，共同利益采取国家这种与实际的单个利益和全体利益相脱离的独立形式。但完全虚幻的共同体并不代表共同体全体成员的利益，它代表的仅仅是统治阶级的利益；马克思认为，只有创造一种不同于以往社会的新型结合形式——真正的共同体，才能实现个体利益和共同利益的统一。也只有在真正的共同体中，人才能实现自由和全面的发展。

习近平总书记指出，国际社会日益成为一个你中有我、我中有你的命运共同体，强调"当今世界，各国相互依存、休戚与共。我们要继承和弘扬联合国宪章的宗旨和原则，构建以合作共赢为核心的新型国际关系，打造人类命运共同体。"[1]人类命运共同体是对马克思共同体思想的继承和发展，随着生产力的发展，人类的交往比过去任何时候都更加广泛深入，各国相互联系比过去任何时候都更加频繁紧密，世界各国的利益和命运更加紧密地联系在一起，形成了你中有我、我中有你的利益共同体。很多问题不再局限于一国内部，很多挑战也不再是一国之力所能应对，全球性挑战更需要各国通力合作来应对。尤其是在生态环境问题领域，更需要国际社会共同合作和统筹解决。习近平总书记强调，要秉持"共同构建地球生命共同体"理念，坚持走生态优先、绿色低碳发展道路，深化全球发展伙伴关系，构建全球发展命运共同体，推动构建公平合理、合作共赢的全球环境治理体系，实现更加强劲、绿色、健康的全球发展。

---

[1]《十八大以来重要文献选编》(中)，中央文献出版社2016年版，第695页。

第三节 习近平生态文明思想的重要特征

习近平生态文明思想是当代马克思主义自然观、生态观中国化的原创性理论成果，集中体现为"十个坚持"，即坚持党对生态文明建设的全面领导、坚持生态兴则文明兴、坚持人与自然和谐共生、坚持绿水青山就是金山银山、坚持良好生态环境是最普惠的民生福祉、坚持绿色发展是发展观的深刻革命、坚持统筹山水林田湖草沙系统治理、坚持用最严格制度最严密法治保护生态环境、坚持把建设美丽中国转换为全体人民自觉行动、坚持共谋全球生态文明建设。这"十个坚持"深刻回答了新时代生态文明建设的根本保证、历史依据、基本原则、核心理念、宗旨要求、战略路径、系统观念、制度保障、社会力量、全球倡议等一系列重大理论和实践问题，标志着党对社会主义生态文明建设的规律性认识达到新的高度。习近平生态文明思想，具有深厚的理论渊源和科学的理论根源，彰显了高度的历史自觉和理论自觉，体现了鲜明的人民性、科学性、系统性和全球性。

一、坚持以人民为中心的发展思想

人民性是习近平生态文明思想最鲜明的特征，以习近平同志为核心的党中央始终坚持以人民为中心的发展思想，把人民利益摆在至高无上的地位，强调要不断满足人民群众对优美生态环境的需要。习近平总书记指出："生态环境特别是大气、水、土壤污染严重，已成为全面建成小康社会的突出短板。扭转环境恶化、提高环境质量是广大人民群众的热切期盼"[1]。经济发展要以生态环境保护为重要原则，"如果经济发展了，但生态破坏了、环境恶化了，大家整天生活在雾霾中，吃不到安全的食品，喝不到洁净的水，呼吸不到新鲜的空气，居住不到宜居的环

---

[1]《习近平关于全面建成小康社会论述摘编》，中央文献出版社2016年版，第178页。

境,那样的小康、那样的现代化不是人民希望的。"[1]随着经济社会发展和人民生活水平不断提高,环境问题往往最容易引起群众不满。让良好生态环境成为人民生活的增长点、成为经济社会持续健康发展的支撑点、成为展现我国良好形象的发力点,"从老百姓满意不满意、答应不答应出发,生态环境非常重要"[2],要让人民群众呼吸上新鲜的空气、喝上干净的水、吃上放心的食物、生活在宜居的环境中、切实感受到经济发展带来的实实在在的环境效益。

二、充分体现马克思主义唯物辩证法

习近平生态文明思想建立在坚实的科学理论基础上,是科学完整的学科体系、学术体系、话语体系。习近平生态文明思想深刻阐明了生态环境问题的经济、政治、文化、社会属性,把生态文明建设融入经济建设、政治建设、文化建设、社会建设各方面和全过程,揭示了人与自然关系交融互动、对立统一的发展规律。习近平生态文明思想包括的"人与自然是生命共同体"的自然观、"保护生态环境就是保护生产力"的生产力理论、"绿水青山就是金山银山"的价值观、"良好生态环境是最公平的公共物品"的公共产品理论以及"生态文明是人类文明发展的历史趋势"的人类命运共同体理念等内涵,创造性地回答了人与自然关系、经济发展与生态保护关系问题,深刻揭示了历史和现实中人与自然对立统一关系,充分体现了马克思主义唯物辩证法。

三、强调生态环境治理的系统性

生态是统一的自然系统,是各种自然要素相互依存而实现循环的自然链条。习近平总书记指出:"要从生态系统整体性和流域系统性出发,追根溯源、系统治疗,防止头痛医头、脚痛医脚。"[3]习近平生态文明思

---

[1]《习近平关于社会主义生态文明建设论述摘编》,中央文献出版社2017年版,第36页。

[2]《习近平关于社会主义生态文明建设论述摘编》,中央文献出版社2017年版,第83页。

[3] 习近平:《论把握新发展阶段、贯彻新发展理念、构建新发展格局》,中央文献出版社2021年版,第440页。

想深入阐述了山水林田湖草沙是生命共同体的系统理念,统筹考虑自然生态各要素、山上山下、地上地下、陆地海洋以及流域上下游,进行整体保护、系统修复、综合治理,增强生态系统循环能力,维护生态平衡。生态环境治理要遵循"宜耕则耕、宜林则林、宜草则草、宜湿则湿、宜荒则荒、宜沙则沙"的原则,遵循自然生态系统的整体性、系统性、动态性及其内在规律,用基于自然的解决方案,综合运用科学、法律、政策、经济和公众参与等手段,统筹整合项目和资金,采取工程、技术、生物等多种措施,对山水林田湖草等各类自然生态要素进行保护和修复,实现国土空间格局优化,提高社会—经济—自然复合生态系统弹性,全面提升国家和区域生态安全屏障质量、促进生态系统良性循环和永续利用。

四、拓展了全球生态环境治理的可持续发展理念

保护生态环境、应对气候变化,是全人类面临的共同挑战。习近平总书记强调,我们要秉持人类命运共同体理念,积极参与全球环境治理,加强应对气候变化、海洋污染治理、生物多样性保护等领域国际合作,认真履行国际公约,主动承担同国情、发展阶段和能力相适应的环境治理义务,为全球提供更多公共产品,不断增强制度性权利,实现义务和权利的平衡,展现我国负责任大国形象。要发挥发展中大国的引领作用,加强南南合作以及同周边国家的合作,为发展中国家提供力所能及的资金、技术支持,帮助提高环境治理能力,共同打造绿色"一带一路"。要坚持共同但有区别的责任原则、公平原则和各自能力原则,坚定维护多边主义,有效应对一些西方国家对我国进行"规锁"的企图,坚决维护我国发展利益。在习近平生态文明思想的指引下,从建设美丽中国到共建美丽地球,中国成为全球生态治理的参与者、贡献者、引领者。中国生态文明建设取得的成就,得到国际社会的广泛赞誉。

第四节　习近平生态文明思想的伟大意义

习近平生态文明思想是新时代生态文明建设的科学指南、行动纲领和根本遵循,从理论和实践结合上系统回答了新时代坚持和发展什么样的具有中国特色的现代化生态文明、怎样坚持和发展具有中国特色的现代化生态文明这一重大时代课题,是马克思主义生态观、自然观中国化最新成果,是当代中国马克思主义生态文明思想、21世纪马克思主义生态文明思想,是党和国家必须长期坚持的指导思想。深入学习贯彻习近平生态文明思想,必须深刻认识领会这一思想的理论意义、时代意义和世界意义。

一、丰富和发展马克思主义自然观、生态观

习近平生态文明思想,吸收继承了马列主义、毛泽东思想、邓小平理论、"三个代表"重要思想和科学发展观中生态文明思想的基本原理、基本方法、理论品格,一以贯之高度重视生态环境保护问题,强调"生态文明建设是关系中华民族永续发展的根本大计";一以贯之高度重视尊重自然规律,强调"尊重自然、顺应自然、保护自然"的生态文明理念;一以贯之将生态文明保护同发展生产力相结合,强调"牢固树立保护生态环境就是保护生产力、改善生态环境就是发展生产力的理念";一以贯之将生态文明建设落脚在满足人民美好生活的需要,强调"良好生态环境是最公平的公共产品,是最普惠的民生福祉";一以贯之将生态文明建设统筹于经济建设、政治建设、文化建设、社会建设全过程和各方面的系统工程中,强调"生态文明建设是'五位一体'总体布局和'四个全面'战略布局的重要内容"。

习近平生态文明思想立足实现中华民族伟大复兴的战略全局和世界百年未有之大变局,为马克思主义的发展作出了原创性的贡献,展现了马克思主义的当代价值。习近平生态文明思想丰富和发展了马克思主义,是马克思主义关于人与自然关系生态思想的与时俱进、中国特色社会主义生态文明理论体系的最新成果,是21世纪中国化的马克思主义

自然观、生态观。

二、引领新时代生态文明建设取得历史性成就

新时代的生态文明建设需要新思想的指导，新思想引领新时代的生态文明建设。进入新时代，中国社会主要矛盾发生了重大转化，深刻认识社会主要矛盾变化的现实依据，准确把握我国社会主要矛盾变化的重大意义，是深入理解新时代中国特色社会主义生态文明建设的关键所在，也是全面建设社会主义现代化国家的战略基石。准确把握新时代社会主要矛盾的变化，需要从两个方面来理解：一方面要抓住新时代人民对美好生活的需要已不再局限于温饱，而是对生态环境有更高要求的物质需要和精神需要的统一；另一方面，也要正视我国发展的不平衡和不充分，尤其是生态环境保护存在短板，生态环境建设任重道远。

习近平生态文明思想站在人类文明发展高度，着眼于中国实际和新时代要求，深刻回答了为什么建设生态文明、建设什么样的生态文明、怎样建设生态文明的重大理论和实践问题，将生态文明建设作为统筹推进"五位一体"总体布局和协调推进"四个全面"战略布局的重要内容，为推进中国特色社会主义生态文明建设指明了方向，对新时代正确处理经济发展和生态文明建设的关系，对加快建设资源节约型、环境友好型社会，对推动形成绿色发展方式和生活方式，对推进美丽中国建设，实现中华民族永续发展，夺取全面建成小康社会决胜阶段的伟大胜利，实现"两个一百年"奋斗目标和中华民族伟大复兴的中国梦，具有十分重要的指导意义。

党的十八大以来，在习近平生态文明思想指导下，党中央以前所未有的力度抓生态文明建设，全党全国推动绿色发展的自觉性和主动性显著增强，组织实施主体功能区战略，建立健全自然资源资产产权制度、国土空间开发保护制度、生态文明建设目标评价考核制度和责任追究制度、生态补偿制度、河湖长制、林长制、环境保护"党政同责"和"一岗双责"等制度，制定修订相关法律法规；优化国土空间开发保护格局，建立以国家公园为主体的自然保护地体系，持续开展大规模国土绿化行

动,加强大江大河和重要湖泊湿地及海岸带生态保护和系统治理,加大生态系统保护和修复力度,加强生物多样性保护,推动形成节约资源和保护环境的空间格局、产业结构、生产方式、生活方式;党领导着力打赢污染防治攻坚战,深入实施大气、水、土壤污染防治三大行动计划,打好蓝天、碧水、净土保卫战,开展农村人居环境整治,全面禁止进口"洋垃圾";开展中央生态环境保护督察,坚决查处一批破坏生态环境的重大典型案件、解决一批人民群众反映强烈的突出环境问题。中国积极参与全球环境与气候治理,作出力争2030年前实现碳达峰、2060年前实现碳中和的庄严承诺,体现了负责任大国的担当,开展了一系列根本性、开创性、长远性工作,决心之大、力度之大、成效之大前所未有,美丽中国建设迈出重大步伐,中国生态环境保护发生历史性、转折性、全局性变化。

当前,中国全面建成小康社会,实现第一个百年奋斗目标,开启实现第二个百年奋斗目标新征程,进入新发展阶段,生态文明建设也进入新发展阶段。加强生态文明建设,是贯彻新发展理念、推动经济社会高质量发展的必然要求,也是人民群众追求高品质生活的共识和呼声。如何贯彻绿水青山就是金山银山的理念,实现人与自然和谐共生的现代化,是新阶段面临的新任务。与此同时,生态环境也到了必须加快改善而且有条件加快改善的重要时期。

"雄关漫道真如铁,而今迈步从头越",站在新的历史起点,立足新的发展阶段,中国将坚持以习近平生态文明思想为指导,围绕中国特色社会主义事业"五位一体"总体布局,朝着2035年基本实现社会主义现代化目标、本世纪中叶建成社会主义现代化强国目标不断奋进,扎实推进生态文明建设,实现人与自然和谐共生,开辟中国式现代化新道路,创造人类生态文明新形态。

三、推动和开创人类生态文明新形态

当今世界正在面临百年未有之大变局,国际格局和国际体系发生深刻调整,全球治理体系发生深刻变革。大国间力量对比发生深刻变化,主要国家间的竞争日趋激烈,新一轮保护主义、狭隘民族主义、逆全球化思潮兴起。与此同时,人类社会正在以前所未有的深度和广度联系在一起,包括生态环境保护、人类可持续发展等在内的问题成为全球共同性问题,世界各国需要共同面对这些问题。新一轮科技创新正在重构世界经济秩序,重塑全球经济结构,全球价值链和国际分工秩序发生了新的变化。这一方面给后发国家提供了弯道超车的机会,另一方面也意味着它们要面对更高更厚的技术壁垒。

习近平生态文明思想强调"构建人类命运共同体,实现共赢共享"。国际社会应该携手同行,共谋全球生态文明建设之路,牢固树立尊重自然、顺应自然、保护自然的意识,坚持走绿色、低碳、循环、可持续发展之路。中国倡导构建人类命运共同体的理念得到了国际社会的积极响应,人类命运共同体理念被纳入联合国决议。中国同世界上大部分地区国家广泛建立命运共同体关系,先后倡议建立中非命运共同体、澜湄国家命运共同体、中国—东盟命运共同体、中国—拉美命运共同体、亚洲命运共同体、上海合作组织命运共同体。

第二章 把生态文明建设放在突出位置

习近平总书记指出"要把生态环境保护放在更加突出位置,像保护眼睛一样保护生态环境,像对待生命一样对待生态环境"[1]。生态兴则文明兴,生态衰则文明衰,生态环境是人类生存和发展的基础,生态环境变化直接影响文明兴衰演替。党的十八大以来,以习近平同志为核心的党中央把生态文明建设摆在全局工作的突出位置,将生态文明建设纳入中国特色社会主义事业"五位一体"总体布局,坚持走人与自然和谐共生的中国式现代化道路,探索人类生态文明新形态,开展了一系列根本性、开创性、长远性工作。

第一节 将生态文明建设纳入"五位一体"总体布局

中国把生态文明建设作为统筹"五位一体"总体布局的

---

[1]《习近平关于社会主义生态文明建设论述摘编》,中央文献出版社2017年版,第8页。

重要内容,把生态文明建设写入党的章程和国家宪法,将建设美丽中国上升为党和国家的行动纲领。

一、生态文明建设的实践和探索

经历了近代长期的落后挨打,中国人民认识到工业化是国家"站起来"的基础,毛泽东同志强调"中国民族和人民要彻底解放,必须实现国家工业化,而我们已作了的工作,还只是向这个方向刚才开步走。"[1]在工业化发展的道路上,中国强调"绿化祖国"、要使祖国"到处都很美丽",通过大规模水利建设和林业建设,在改造环境的同时保护环境。1973年,国务院召开第一次全国环境保护工作会议,审议通过新中国成立以来第一个环境保护文件——《关于保护和改善环境的若干规定(试行草案)》,确立"全面规划、合理布局、综合利用、化害为利、依靠群众、大家动手、保护环境、造福人民"的环境保护工作方针。然而,在实践过程中,破坏环境、浪费资源的现象仍一定程度地存在,粗放型的工业化道路对生态环境产生了诸多负面影响。

改革开放后,中国进入高速发展阶段,党和政府对生态环境保护有了新的认识。1983年至1984年召开的第二次全国环境保护工作会议将环境保护确定为基本国策,提出"经济建设、城乡建设和环境建设要同步规划、同步实施、同步发展,做到经济效益、社会效益、环境效益相统一"的指导方针,明确"预防为主、防治结合"、"谁污染、谁治理"和"强化环境管理"三大政策。1995年,党的十四届五中全会提出"必须把社会全面发展放在重要战略地位,实现经济与社会相互协调和可持续发展"[2],推动可持续发展战略成为指导我国经济社会发展的重大战略。党的十六大确立"三位一体"的全面建设小康社会的奋斗目标——"中国特色社会主义经济、政治、文化全面发展的目标"[3]。党的十七大

---

[1]《毛泽东思想年编(1921—1975)》,中央文献出版社2011年版,第729页。
[2]《十四大以来重要文献选编》(中),人民出版社1997年版,第1486页。
[3] 江泽民:《全面建设小康社会 开创中国特色社会主义事业新局面》,人民出版社2002年版,第20页。

提出"四位一体"实现全面建设小康社会奋斗目标的新要求——"坚持中国特色社会主义经济建设、政治建设、文化建设、社会建设的基本目标和基本政策构成的基本纲领"[1]。中国制定实施森林法、草原法、水污染防治法、大气污染防治法、环境保护法等一系列重要环境保护法律，加大工业"三废"治理力度，增强城市和农村环境治理能力，控制主要污染物排放总量，推进植树造林、水土保持、草原建设和国土整治等重点生态工程，加大环境治理投资，推动建立建设资源节约型、环境友好型社会。

中国环境保护事业经过几十年的不懈努力，取得了一定的积极进展。然而，不可忽视的是，局部地区的一些主要污染物排放量已超过环境承载能力，生态环境因此受到不同程度的破坏，发生了一些环境污染事故，环境形势依然十分严峻，控制和减缓环境污染的任务还相当艰巨。

二、生态文明建设是"五位一体"总体布局的基础

党的十八大首次把生态文明建设纳入中国特色社会主义事业"五位一体"总体布局，强调"全面落实经济建设、政治建设、文化建设、社会建设、生态文明建设五位一体总体布局"[2]，将生态文明建设提升到同经济建设、政治建设、文化建设、社会建设同等重要的地位。"五位一体"总体布局是一个有机整体，其中，经济建设是根本，政治建设是保障，文化建设是灵魂，社会建设是条件，生态文明建设是基础，统一于建成社会主义现代化强国目标之中。

习近平总书记指出，"生态环境没有替代品，用之不觉，失之难存。我讲过，环境就是民生，青山就是美丽，蓝天也是幸福，绿水青山就是金山银山；保护环境就是保护生产力，改善环境就是发展生产力。"[3]生

---

[1] 胡锦涛：《高举中国特色社会主义伟大旗帜 为夺取全面建设小康社会新胜利而奋斗》，人民出版社2007年版，第19页。

[2] 胡锦涛：《坚定不移沿着中国特色社会主义道路前进 为全面建成小康社会而奋斗》，人民出版社2012年版，第9页。

[3] 《习近平关于社会主义经济建设论述摘编》，中央文献出版社2017年版，第37页。

态环境是人类所有生产活动的基础，是人类生存发展的基础，是进行政治、经济、文化和社会等各方面建设的基础，其他方面的建设要以保护生态环境为前提，走更高质量、更有效率、更加公平、更可持续、更为安全的发展道路。同样，政治、经济、文化和社会等方面的建设也在为生态文明建设提供重要支撑，做好政治建设才能推动形成生态文明制度体系，经济建设不断优化有助于走出一条生产发展、生活富裕、生态良好的文明发展道路，文化建设持续繁荣能为推动生态文明建设提供智力支撑，社会建设全面加强能为推动生态文明建设提供全社会广泛支持。

习近平总书记指出，"生态环境保护是功在当代、利在千秋的事业。要清醒认识保护生态环境、治理环境污染的紧迫性和艰巨性，清醒认识加强生态文明建设的重要性和必要性，以对人民群众、对子孙后代高度负责的态度和责任，真正下决心把环境污染治理好、把生态环境建设好，努力走向社会主义生态文明新时代，为人民创造良好生产生活环境。"[1]中国特色社会主义事业"五位一体"总体布局的战略框架逐步确立，为实现中华民族永续发展和中华民族伟大复兴的中国梦绘制了蓝图，也为美丽中国建设提供了具体路径。

三、将生态文明建设写入党的章程和宪法

党的十八大报告全面论述中国共产党领导人民建设社会主义生态文明的理念、政策、方针、道路和目标——树立尊重自然、顺应自然、保护自然的生态文明理念，坚持节约资源和保护环境的基本国策，坚持节约优先、保护优先、自然恢复为主的方针，着力推进绿色发展、循环发展、低碳发展，形成节约资源和保护环境的空间格局、产业结构、生产方式、生活方式，坚持生产发展、生活富裕、生态良好的文明发展道路，着力建设资源节约型、环境友好型社会，从源头上扭转生态环境恶化趋势，为人民创造良好的生产生活环境，实现中华民族永续发展，并为全球生态安全作出自己的贡献。

---

[1]《习近平谈治国理政》第1卷，外文出版社2018年版，第208页。

党的十八大通过关于《中国共产党章程（修正案）》的决议，指出建设生态文明是关系人民福祉、关乎民族未来的长远大计。必须把生态文明建设放在突出地位，融入经济建设、政治建设、文化建设、社会建设各方面和全过程，坚持生产发展、生活富裕、生态良好的文明发展道路，努力建设美丽中国，实现中华民族永续发展。将生态文明建设写入党章并作出阐述，进一步完善了中国特色社会主义事业总体布局，明确了生态文明建设的战略地位，有利于全面推进中国特色社会主义事业。

以习近平同志为核心的党中央高度重视生态文明建设，强调"生态文明建设事关中华民族永续发展和'两个一百年'奋斗目标的实现"[1]。2013年，十二届全国人大一次会议胜利召开，会议发出号召："全国各族人民紧密团结在以习近平同志为总书记的党中央周围，全面贯彻落实党的十八大精神，高举中国特色社会主义伟大旗帜，以邓小平理论、'三个代表'重要思想、科学发展观为指导，紧紧围绕主题主线，稳中求进，开拓创新，埋头苦干，扎实开局，全面推进社会主义经济建设、政治建设、文化建设、社会建设、生态文明建设，实现经济持续健康发展和社会和谐稳定，为全面建成小康社会、实现中华民族的伟大复兴而努力奋斗！"[2] 党的十八届三中全会开启全面深化改革，指出改革的总目标是完善和发展中国特色社会主义制度，推进国家治理体系和治理能力现代化，要求紧紧围绕建设美丽中国、深化生态文明体制改革，加快建立生态文明制度，健全国土空间开发、资源节约利用、生态环境保护的体制机制，推动形成人与自然和谐发展的现代化建设新格局。

2015年，中共中央、国务院印发《关于加快推进生态文明建设的意见》。该意见作为中央就生态文明建设作出专题部署的文件，全面阐述了生态文明建设的指导思想、基本原则、主要目标、主要任务、制度建

---

[1]《习近平关于社会主义生态文明建设论述摘编》，中央文献出版社2017年版，第9页。
[2]《中华人民共和国第十二届全国人民代表大会第一次会议文件汇编》，人民出版社2013年版，第12页。

设重点和保障措施，成为新时代推动生态文明建设的纲领性文件。

2018年，十三届全国人大一次会议通过《中华人民共和国宪法修正案》，将"生态文明"写入宪法。其中，将序言第七自然段中"推动物质文明、政治文明和精神文明协调发展，把我国建设成为富强、民主、文明的社会主义国家"修改为"推动物质文明、政治文明、精神文明、社会文明、生态文明协调发展，把我国建设成为富强、民主、文明和谐美丽的社会主义现代化强国，实现中华民族伟大复兴"；将第八十九条"国务院行使下列职权"中第六项"（六）领导和管理经济工作和城乡建设"修改为"（六）领导和管理经济工作和城乡建设、生态文明建设"。[1]

党的十九大强调，中国的现代化是人与自然和谐共生的现代化，明确了从2020年至本世纪中叶现代化建设的两阶段目标：第一个阶段是从2020年到2035年，在全面建成小康社会的基础上，再奋斗15年，基本实现社会主义现代化，其中强调"生态环境根本好转，美丽中国目标基本实现"；第二阶段是从2035年到本世纪中叶，在基本实现现代化的基础上，再奋斗15年，建成富强民主文明和谐美丽的社会主义现代化强国，其中强调"生态文明将全面提升"。

中国把生态文明建设融入经济建设、政治建设、文化建设、社会建设各方面和全过程，以党的章程和宪法确立生态文明建设的重要地位，使生态文明建设的战略地位更加明确，使中国特色社会主义事业总体布局更加完善。

第二节　中国式现代化道路的生态文明内涵

党的十九届六中全会审议通过《中共中央关于党的百年奋斗重大成就和历史经验的决议》，其中指出："党领导人民成功走出中国式现代化道路，创造了人类文明新形态，拓展了发展中国家走向现代化的途径，

---

[1]《中华人民共和国宪法修正案》，《人民日报》2018年3月12日。

给世界上那些既希望加快发展又希望保持自身独立性的国家和民族提供了全新选择。"[1]中国式现代化道路形成于中国共产党人持续探索"人与自然和谐共生"的实践过程中，是人类文明新形态的示范。

一、强调"人与自然和谐共生"的中国式现代化道路

习近平总书记指出，人与自然是生命共同体，人类必须尊重自然、顺应自然、保护自然，"我们要建设的现代化是人与自然和谐共生的现代化，既要创造更多物质财富和精神财富以满足人民日益增长的美好生活需要，也要提供更多优质生态产品以满足人民日益增长的优美生态环境需要。"[2]强调"人与自然和谐共生"的生态文明内涵一以贯之于中国共产党领导的中国现代化建设中。

新中国的成立为中国现代化的实现奠定基础，1954年毛泽东同志在一届全国人大上指出，"在几个五年计划之内，将我们现在这样一个经济上文化上落后的国家，建设成为一个工业化的具有高度现代文化程度的伟大的国家"[3]，周恩来同志将现代化目标具体为"四个现代化"——现代化工业、现代化农业、现代化交通运输业和现代化国防。1964年，三届全国人大明确中国的现代化包括"现代农业、现代工业、现代国防和现代科学技术"。早在新中国成立初期的现代化建设中，中国共产党就高度重视生态环境保护问题。1971年，周恩来同志在分析环境保护问题时强调："在经济建设中的废水、废气、废渣不解决，就会成为公害。发达的资本主义国家公害很严重，我们要认识到经济发展中会遇到这个问题，采取举措解决。"[4]

1987年党的十三大确定现代化"三步走"战略，并强调"人口控

---

[1]《中共中央关于党的百年奋斗重大成就和历史经验的决议》，人民出版社2021年版，第64页。

[2] 习近平：《决胜全面建成小康社会 夺取新时代中国特色社会主义伟大胜利》，人民出版社2017年版，第50页。

[3]《毛泽东文集》第6卷，人民出版社1999年版，第350页。

[4]《周恩来年谱（1949—1976）》（下），中央文献出版社1997年版，第448页。

制、环境保护和生态平衡是关系经济和社会发展全局的重要问题",要求在推进经济建设的同时大力保护和合理利用各种自然资源,努力开展对环境污染的综合治理,加强生态环境的保护,把经济效益、社会效益和环境效益很好地结合起来。1997年党的十五大在阐述现代化"三步走"战略时,强调"我国是人口众多、资源相对不足的国家,在现代化建设中必须实施可持续发展战略",要求坚持计划生育和保护环境的基本国策,正确处理经济发展同人口、资源、环境的关系。2007年党的十七大在确立全面建成小康社会目标的同时强调加强生态文明建设,要求基本形成节约能源资源和保护生态环境的产业结构、增长方式、消费模式。

2012年党的十八大把生态文明建设纳入中国特色社会主义事业"五位一体"总体布局,并把美丽中国作为生态文明建设的宏伟目标。2020年党的十九届五中全会审议通过《中共中央关于制定国民经济和社会发展第十四个五年规划和二〇三五年远景目标的建议》、2021年十三届全国人大四次会议通过《中华人民共和国国民经济和社会发展第十四个五年规划和2035年远景目标纲要》,明确提出生态文明现代化建设路线图:"十四五"期间,生态文明建设实现新进步,具体表现为:国土空间开发保护格局得到优化,生产生活方式绿色转型成效显著,能源资源配置更加合理、利用效率大幅提高,单位国内生产总值能源消耗和二氧化碳排放分别降低13.5%和18%,主要污染物排放总量持续减少,森林覆盖率提高到24.1%,生态环境持续改善,生态安全屏障更加牢固,城乡人居环境明显改善。至2035年,生态文明建设的远景目标包括:广泛形成绿色生产生活方式、碳排放达峰后稳中有降、生态环境根本好转和美丽中国建设目标基本实现。到本世纪中叶,中国物质文明、政治文明、精神文明、社会文明、生态文明将全面提升。

二、积极探索人类生态文明新形态

习近平总书记指出:"生态文明是人类社会进步的重大成果。人类经历了原始文明、农业文明、工业文明,生态文明是工业文明发展到一定阶段的产物,是实现人与自然和谐发展的新要求。"[1]中国广泛开展生态示范区工作,并将生态文明试点与现代化建设试点相结合,积极探索人类生态文明新形态。

生态示范区是以生态学和生态经济学原理为指导,以协调经济、社会发展和环境保护为主要对象,统一规划,综合建设,旨在实现生态良性循环、社会经济全面健康持续发展的一定行政区域。生态示范区是一个相对独立和对外开放的社会、经济、自然的复合生态系统。

为鼓励和指导各地以国家生态文明建设示范区为载体,积极推进绿色发展,不断提升区域生态文明建设水平。2013年,环境保护部制定印发《国家生态文明建设试点示范区指标(试行)》,明确了生态文明试点示范县(含县级市、区)和生态文明试点示范市(含地级行政区)的基本条件和建设指标,围绕生态经济、生态环境、生态人居、生态制度、生态文化等方面分别提出29项和30项具体建设指标。2016年,环境保护部制定印发《国家生态文明建设示范区管理规程(试行)》和《国家生态文明建设示范县、市指标(试行)》,从生态空间、生态经济、生态环境、生态生活、生态制度、生态文化6个方面,分别设置38项(示范县)和35项(示范市)建设指标,作为衡量是否达到国家生态文明建设示范县、市标准的依据。2017年,环境保护部公布第一批国家生态文明建设示范市县名单。2019年,生态环境部制修订并印发《国家生态文明建设示范市县建设指标》、《国家生态文明建设示范市县管理规程》和《"绿水青山就是金山银山"实践创新基地建设管理规程(试行)》。"绿水青山就是金山银山"实践创新基地在"生态环境优良,生态环境保护工作基础扎实"的基础上,强调突出"两山"转化成效,这一转变体现出生态环境示范工作的不断深化。至2020年,全国命名262个国家生态文明建设示范区和87个"绿水青山就是金山银山"实践创新基地。2021年,生态环境部决定命名北京市平谷区等49个地区为第五批

---

[1]《习近平关于社会主义生态文明建设论述摘编》,中央文献出版社2017年版,第6页。

"绿水青山就是金山银山"实践创新基地。2022年，生态环境部发布公告，授予山西省芮城县等45个市县国家生态文明建设示范市县称号。

生态文明示范工作与现代化建设示范工作紧密结合在一起，并体现在中国现代化建设试点工作中。2013年，以现代化建设为主题的区域规划《苏南现代化建设示范区规划》颁布实施，强调要"建立经济发达、人口稠密地区生态建设与环境保护新模式，形成绿色、低碳、循环的生产生活方式，为全国建设资源节约型和环境友好型社会提供示范"，并围绕加快绿色低碳发展、全面提升环境质量、构建生态安全体系、完善生态环境保护制度等方面做出具体部署。[1] 2019年，中央全面深化改革委员会第九次会议审议通过《关于支持深圳建设中国特色社会主义先行示范区的意见》，强调深圳"朝着建设中国特色社会主义先行示范区的方向前行，努力创建社会主义现代化强国的城市范例"，提出"可持续发展先锋"战略定位，牢固树立和践行绿水青山就是金山银山的理念，打造安全高效的生产空间、舒适宜居的生活空间、碧水蓝天的生态空间，在美丽湾区建设中走在前列，"率先打造人与自然和谐共生的美丽中国典范"，为落实联合国2030年可持续发展议程提供中国经验。2021年，中共中央、国务院发布《关于支持浦东新区高水平改革开放打造社会主义现代化建设引领区的意见》，明确浦东两阶段发展目标：到2035年，浦东现代化经济体系全面构建，现代化城区全面建成，现代化治理全面实现，城市发展能级和国际竞争力跃居世界前列；到2050年，把浦东建设成为在全球具有强大吸引力、创造力、竞争力、影响力的城市重要承载区，城市治理能力和治理成效的全球典范，社会主义现代化强国的璀璨明珠，在此过程中"把城市建设成为人与人、人与自然和谐共

---

[1]《苏南地区现代化建设指标体系（试行）》中提出5大类9项生态文明指标，具体为：（1）单位地区生产总值能耗要控制在0.45吨标准煤/万元以内；（2）单位地区生产总值化学需氧量排放量控制在2.0千克/万元以内；（3）单位地区生产总值二氧化硫排放量控制在1.2千克/万元以内；（4）单位地区生产总值氨氮排放量控制在0.2千克/万元以内；（5）单位地区生产总值氮氧化物排放量控制在1.5千克/万元以内；（6）城市空气质量达到或优于二级标准的天数比例在90%以上；（7）地表水监测断面劣于Ⅲ类比例达到80%；（8）森林（林木）覆盖率达到50%；（9）城镇绿化覆盖率达到40%。

生的美丽家园"。

上述关于苏南、深圳、浦东的三个规划，都明确列入了生态文明建设相关指标，将生态文明建设作为现代化建设的重要组成部分。生态文明建设一以贯之于中国式现代化道路中，中国式现代化道路也始终强调"人与自然和谐共生"的生态文明建设，通过广泛开展生态示范区试点工作，在现代化建设中推动生态文明建设，实现生态文明建设从理念到实践的落地，探索人类生态文明新形态。

第三节 组建生态环境部统筹"大环保"

习近平总书记强调，"要提升生态系统质量和稳定性，坚持系统观念，从生态系统整体性出发，推进山水林田湖草沙一体化保护和修复，更加注重综合治理、系统治理、源头治理。"[1]坚持山水林田湖草沙一体化保护和系统治理，需要建立统一行使生态和城乡各类污染排放监管与行政执法职责的政府部门。2018年，中国组建生态环境部，并由其统一承担生态和城乡各类污染排放监管与行政执法职责。

一、落实大部制改革组建生态环境部

1974年10月，国务院成立环境保护领导小组，负责制定环境保护的方针、政策和规定，审定全国环境保护规划，组织协调和督促检查各地区、各部门的环境保护工作。1982年，第五届全国人大常委会决定将国家建委、国家城建总局、国家建工总局、国家测绘局、国务院环境保护领导小组办公室合并，组建城乡建设环境保护部，部内设环境保护局，承担环境保护方面的职责。1984年，城乡建设环境保护部环境保护局改为国家环境保护局，仍归城乡建设环境保护部领导，同时也是国务

---

[1]《保持生态文明建设战略定力 努力建设人与自然和谐共生的现代化》，《人民日报》2021年5月2日。

院环境保护委员会的办事机构,主要任务是负责全国环境保护的规划、协调、监督和指导工作。1988年,七届全国人大一次会议批准成立国家环境保护局(副部级),明确为国务院综合管理环境保护的职能部门,作为国务院直属机构,也是国务院环境保护委员会的办事机构。1998年该机构升格为国家环境保护总局(正部级),是国务院主管环境保护工作的直属机构,同时国务院环境保护委员会撤销。2008年,十一届全国人大一次会议审议通过《国务院机构改革方案》,提出按照精简统一效能的原则和决策权、执行权、监督权既相互制约又相互协调的要求,推进大部制改革,国家环境保护总局升格为环境保护部。

从1974年至2008年,尽管机构设置作了多次调整,但生态环境保护管理工作还存在一定问题,部分部门职责交叉重叠,权责不清晰,造成"九龙治水"局面。如水污染防治方面,"水利、环保、城建、国土、农业、经贸等部门都因'涉水'而有相应的'治水'责任"[1]。同时,生态环境的监管者、所有者并未加以区分,裁判员兼运动员的现象较为普遍。地方重发展轻环保、干预环保监测监察执法、环保责任难以落实、"先污染后治理"的现象比较普遍。

党的十九大指出"加快生态文明体制改革",其中包括加强对生态文明建设的总体设计和组织领导,设立国有自然资源资产管理和自然生态监管机构,完善生态环境管理制度,统一行使全民所有自然资源资产所有者职责,统一行使所有国土空间用途管制和生态保护修复职责,统一行使监管城乡各类污染排放和行政执法职责。党的十九届三中全会明确提出"改革自然资源和生态环境管理体制",强调深化党和国家机构改革是推进国家治理体系和治理能力现代化的一场深刻变革,转变政府职能,优化政府机构设置和职能配置,是深化党和国家机构改革的重要任务。会议审议通过《关于深化党和国家机构改革方案的决定》,提出组建生态环境部。2018年3月十三届全国人大一次会议批准,同年4月16日生态环境部正式揭牌。

---

[1]《九龙如何齐治水》,《人民日报》2006年2月16日。

二、生态环境部统筹实现"五个打通"

生态环境部承担生态环境制度制定、监测评估、监督执法和督察问责四方面职能。在生态环境制度制定方面，负责统一制定生态环境领域政策、规划和标准，划定并严守生态保护红线，制定自然保护地体系分类标准、建设标准并提出审批建议等；在监测评估方面，统一负责生态环境监测工作，评估生态环境状况，统一发布生态环境信息；在监督执法方面，整合污染防治和生态保护的综合执法职责和有关队伍，统一负责生态环境执法，监督落实企事业单位生态环境保护责任；在督察问责方面，对地方党委政府和有关部门生态环境工作进行督察巡视，对生态环境保护、温室气体减排目标完成情况进行考核问责，监督落实生态环境保护党政同责、一岗双责。

生态环境部的成立整合了政府机构中分散的生态环境保护职能，把污染防治和生态保护职责统一起来，改变了此前职能权责不清、职能重叠的困局，实现"五个打通"，即划入原国土部门的监督防止地下水污染职责，打通"地上和地下"；划入水利部门的组织编制水功能区划、排污口设置管理、流域水环境保护，以及南水北调工程项目区环境保护等职责，打通"岸上和水里"；划入原海洋局的海洋环境保护职责，打通"陆地和海洋"；划入原农业部门的监督指导农业面源污染治理职责，打通"城市和农村"；划入国家发改委的应对气候变化和减排职责，打通"一氧化碳和二氧化碳"。

生态环境部的成立，是以习近平同志为核心的党中央实现深化改革总目标的一个重大举措，是推进生态文明建设、治理体系现代化和治理能力现代化的一场深刻变革和巨大进步，具有非常重要的现实意义和里程碑意义。

第三章　建立健全生态文明制度体系

习近平总书记指出，"我们要坚持以实践基础上的理论创新推动制度创新，坚持和完善现有制度，从实际出发，及时制定一些新的制度，构建系统完备、科学规范、运行有效的制度体系，使各方面制度更加成熟更加定型，为夺取中国特色社会主义新胜利提供更加有效的制度保障。"[1]生态文明制度体系在生态文明建设中有着根本性、全局性、稳定性和长期性的意义，建立健全生态文明制度体系是提升生态治理水平、推动新时代生态文明建设的重要保障。

第一节　搭建生态文明制度体系基本框架

生态文明制度是中国特色社会主义制度的重要组成部分，新时代推动美丽中国建设需要以生态文明制度建设为支撑，建立健全现代化生态文明制度体系是推进生态文明治理体系和治理能力现代化的重要途径。

---

[1]《习近平谈治国理政》第1卷，外文出版社2018年版，第10页。

一、出台《关于加快推进生态文明建设的意见》

党的十八届三中全会开启了全面深化改革进程，提出"加快生态文明制度建设"，建立系统完整的生态文明制度体系，实行最严格的源头保护制度、损害赔偿制度、责任追究制度，完善环境治理和生态修复制度，用制度保护生态环境。会议同时指出，要围绕健全自然资源资产产权制度和用途管制制度、划定生态保护红线、实行资源有偿使用制度和生态补偿制度以及改革生态环境保护管理体制，推动建立系统完整的生态文明制度体系。

2015年4月，中共中央、国务院发布《关于加快推进生态文明建设的意见》，其中明确了节约优先、保护优先、自然恢复为主的基本方针，提出绿色发展、循环发展、低碳发展的基本途径，强调把深化改革和创新驱动作为基本动力、把培育生态文化作为重要支撑、把重点突破和整体推进作为工作方式。该《意见》指出，到2020年，资源节约型和环境友好型社会建设取得重大进展，主体功能区布局基本形成，经济发展质量和效益显著提高，生态文明主流价值观在全社会得到推行，生态文明建设水平与全面建成小康社会目标相适应。

《意见》提出，加快推进生态文明建设要"以健全生态文明制度体系为重点"，加快建立系统完整的生态文明制度体系，引导、规范和约束各类开发、利用、保护自然资源的行为，用制度保护生态环境。要求做好健全法律法规、完善标准体系、健全自然资源资产产权制度和用途管制制度、完善生态环境监管制度、严守资源环境生态红线、完善经济政策、推行市场化机制、健全生态保护补偿机制、健全政绩考核制度以及完善责任追究制度等多项制度建设。强调至2020年实现"生态文明重大制度基本确立"，基本形成源头预防、过程控制、损害赔偿、责任追究的生态文明制度体系，自然资源资产产权和用途管制、生态保护红线、生态保护补偿、生态环境保护管理体制等关键制度建设取得决定性成果。

二、出台《生态文明体制改革总体方案》

制度建设一直贯穿于中国的生态文明建设当中,《国家环境保护"十二五"规划》中提出落实产能等量或减量置换制度,探索建立单位产品污染物产生强度评价制度、全面推行排污许可证制度,健全饮用水水源环境信息公开制度,落实重点海域排污总量控制制度,加强土壤环境保护制度建设,研究建立建设项目用地土壤环境质量评估与备案制度及污染土壤调查、评估和修复制度,研究建立生物遗传资源获取与惠益共享制度,实施矿山环境治理和生态恢复保证金制度,完善以预防为主的环境风险管理制度,建立企业突发环境事件报告与应急处理制度、特征污染物监测报告制度,完善损害赔偿制度,健全环境污染责任保险制度,研究建立重金属排放等高环境风险企业强制保险制度,完善核安全许可证制度,强化监督性监测和检查制度,落实危险废物全过程管理制度,推行生产者责任延伸制度,健全生活垃圾分类回收制度,完善危险化学品环境管理登记及新化学物质环境管理登记制度以及研究建立核与辐射安全监管及核安全重要岗位人员技术资质管理制度等一系列制度建设。

2015年9月,中共中央、国务院印发《生态文明体制改革总体方案》。《总体方案》分10个部分56条,全面构建了新时代生态文明制度体系建设的基本框架,推动形成人与自然和谐发展的现代化建设新格局。《总体方案》提出确立尊重自然和保护自然的理念、发展和保护相统一的理念、绿水青山就是金山银山的理念、自然价值和自然资本的理念、空间均衡的理念以及山水林田湖是一个生命共同体的理念。同时,《总体方案》提出生态文明体制改革的六条原则,即坚持正确改革方向、坚持自然资源资产的公有性质、坚持城乡环境治理体系统一、坚持激励和约束并举、坚持主动作为和国际合作相结合以及坚持鼓励试点先行和整体协调推进相结合。

按《总体方案》要求,生态文明体制改革的目标是,到2020年,构建起由自然资源资产产权制度、国土空间开发保护制度、空间规划体系、资源总量管理和全面节约制度、资源有偿使用和生态补偿制度、环境治理体系、环境治理和生态保护市场体系、生态文明绩效评价考核和责任追究制度等八项制度构成的产权清晰、多元参与、激励约束并重、系统完整的生态文明制度体系，推进生态文明领域国家治理体系和治理能力现代化。具体而言：

（1）健全自然资源资产产权制度。包括建立统一的确权登记系统、建立权责明确的自然资源产权体系、健全国家自然资源资产管理体制、探索建立分级行使所有权的体制以及开展水流和湿地产权确权试点。通过构建归属清晰、权责明确、监管有效的自然资源资产产权制度，着力解决自然资源所有者不到位、所有权边界模糊等问题。

（2）建立国土空间开发保护制度。包括完善主体功能区制度、健全国土空间用途管制制度、建立国家公园体制以及完善自然资源监管体制。通过构建以空间规划为基础、以用途管制为主要手段的国土空间开发保护制度，着力解决因无序开发、过度开发、分散开发导致的优质耕地和生态空间占用过多、生态破坏、环境污染等问题。

（3）建立空间规划体系。包括编制空间规划、推进市县"多规合一"以及创新市县空间规划编制方法。通过构建以空间治理和空间结构优化为主要内容，全国统一、相互衔接、分级管理的空间规划体系，着力解决空间性规划重叠冲突、部门职责交叉重复、地方规划朝令夕改等问题。

（4）完善资源总量管理和全面节约制度。包括完善最严格的耕地保护制度和土地节约集约利用制度、完善最严格的水资源管理制度、建立能源消费总量管理和节约制度、建立天然林保护制度、建立草原保护制度、建立湿地保护制度、建立沙化土地封禁保护制度、健全海洋资源开发保护制度、健全矿产资源开发利用管理制度以及完善资源循环利用制度。通过构建覆盖全面、科学规范、管理严格的资源总量管理和全面节约制度，着力解决资源使用浪费严重、利用效率不高等问题。

（5）健全资源有偿使用和生态补偿制度。包括加快自然资源及其产品价格改革、完善土地有偿使用制度、完善矿产资源有偿使用制度、完善海域海岛有偿使用制度、完善生态补偿机制、完善生态保护修复资金使用机制以及建立耕地草原河湖休养生息制度。通过构建反映市场供求和资源稀缺程度、体现自然价值和代际补偿的资源有偿使用和生态补偿制度，着力解决自然资源及其产品价格偏低、生产开发成本低于社会成本、保护生态得不到合理回报等问题。

（6）健全环境治理体系。包括完善污染物排放许可制、建立污染防治区域联动机制、建立农村环境治理体制机制、健全环境信息公开制度、严格实行生态环境损害赔偿制度以及完善环境保护管理制度。通过构建以改善环境质量为导向，监管统一、执法严明、多方参与的环境治理体系，着力解决污染防治能力弱、监管职能交叉、权责不一致、违法成本过低等问题。

（7）健全环境治理和生态保护市场体系。包括培育环境治理和生态保护市场主体、推行用能权和碳排放权交易制度、推行排污权交易制度、推行水权交易制度、建立绿色金融体系以及建立统一的绿色产品体系。通过构建更多运用经济杠杆进行环境治理和生态保护的市场体系，着力解决市场主体和市场体系发育滞后、社会参与度不高等问题。

（8）完善生态文明绩效评价考核和责任追究制度。包括建立生态文明目标体系、建立资源环境承载能力监测预警机制、探索编制自然资源资产负债表、对领导干部实行自然资源资产离任审计以及建立生态环境损害责任终身追究制。通过构建充分反映资源消耗、环境损害和生态效益的生态文明绩效评价考核和责任追究制度，着力解决发展绩效评价不全面、责任落实不到位、损害责任追究缺失等问题。

《总体方案》提出多个制度试点：在健全自然资源资产产权制度方面，提出在甘肃、宁夏等地开展湿地产权确权试点；在健全资源有偿使用和生态补偿制度方面，提出在京津冀水源涵养区、广西广东九洲江、福建广东汀江—韩江等地开展跨地区生态补偿试点，在长江流域水环境敏感地区探索开展流域生态补偿试点，对长株潭地区土壤重金属污染进行修复试点；在健全环境治理和生态保护市场体系方面，提出深化碳排放权交易试点，逐步建立全国碳排放权交易市场，扩大排污权有偿使用和交易的实验探索，并将更多条件成熟的地区纳入试点范围；在完善生态文明绩效评价考核和责任追究制度方面,提出在内蒙古呼伦贝尔市、浙江湖州市、湖南娄底市、贵州赤水市、陕西延安市设立自然资源资产负债表编制试点和领导干部自然资源资产离任审计试点。

第二节　完善和落实主体功能区制度

国土空间是宝贵资源,是人类赖以生存和发展的家园,"一定尺度的国土空间具有多种功能,其中必有一种是主体功能"[1]。主体功能区制度是指,根据不同区域的资源环境承载能力、现有开发强度和发展潜力,统筹谋划人口分布、经济布局、国土利用和城镇化格局,确定不同区域的主体功能,并据此明确开发方向,完善开发政策,控制开发强度,规范开发秩序,逐步形成人口、经济、资源环境相协调的国土空间开发格局。

一、坚定不移实施主体功能区规划

随着社会经济的发展,我们既要满足人口增加、人民生活改善、经济增长、工业化城镇化发展、基础设施建设等对国土空间的巨大需求,又要为保障国家农产品供给安全而保护耕地,还要为保障生态安全和人民健康,保护并扩大绿色生态空间,应对水资源短缺、环境污染、气候变化等问题,中国国土空间开发面临诸多两难挑战。2010年,国务院印发《全国主体功能区规划》,其中提出将基于不同区域的资源环境承载能力、现有开发强度和未来发展潜力,以是否适宜或如何进行大规模高强度工业化城镇化开发,将国土空间划分为优化开发区域、重点开发区域、限制开发区域和禁止开发区域。

党的十八大报告强调,加快实施主体功能区战略,推动各地区严格按照主体功能定位发展,构建科学合理的城市化格局、农业发展格局、生态安全格局。《中共中央关于全面深化改革若干重大问题的决定》指

---

[1]《深刻认识建设主体功能区的重大意义》,《人民日报》2011年9月9日。

出，坚定不移实施主体功能区制度，建立国土空间开发保护制度，严格按照主体功能区定位推动发展。2014年，国家发改委、环保部提出将北京市延庆县、密云县等市县作为国家主体功能区建设试点，积极探索主体功能区建设的有益模式。

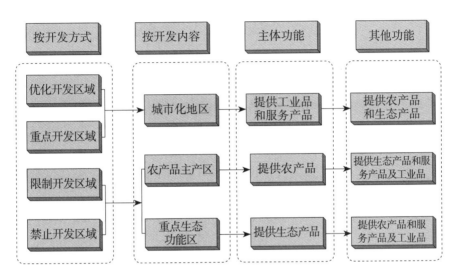

图 3-1　主体功能区分类及其功能图

表 3-1　国家主体功能区建设试点示范名单

省市区	市　县	省市区	市　县
北京市	延庆县、密云县	河北省	张家口市、承德市
山西省	临汾市西山片区（乡宁县、吉县、蒲县、大宁县、永和县、隰县、汾西县）、神池县	内蒙古自治区	呼伦贝尔市、四子王旗
吉林省	白山市、通榆县	黑龙江省	大兴安岭地区、通河县、富锦市、海林市
上海市	淀山湖地区	浙江省	开化县、淳安县、浙南山地重点生态功能区（庆元县、景宁畲族自治县、文成县、泰顺县）
安徽省	岳西县、金寨县、霍山县、黄山市	福建省	泰宁县、武夷山市、永泰县、永春县
江西省	遂川县、万安县、莲花县、永新县	山东省	临朐县、山亭区、肥城市

续表

省市区	市 县	省市区	市 县
河南省	信阳市、卢氏县	湖北省	十堰市、五峰县、利川市、浠水县
湖南省	张家界市、石门县、江华瑶族自治县	广东省	清远市
广西壮族自治区	巴马瑶族自治县、天等县、凌云县	海南省	海南岛中部山区热带雨林生态功能区
重庆市	巫溪县、城口县、武隆县、酉阳县	四川省	甘孜藏族自治州、万源市、南江县、天全县
贵州省	荔波县、册亨县	云南省	西双版纳傣族自治州、玉龙纳西族自治县
西藏自治区	藏东南高原边缘森林生态功能区	陕西省	安康市、周至县、志丹县
甘肃省	张掖市、甘南藏族自治州	宁夏回族自治区	泾源县、彭阳县、盐池县
新疆维吾尔自治区	阿勒泰地区、特克斯县、博乐市	新疆生产建设兵团	北屯市、图木舒克市
江西省、湖南省、广东省、广西壮族自治区	南岭山地森林及生物多样性生态功能区		

按照《中共中央、国务院关于加快推进生态文明建设的意见》要求，全面落实主体功能区规划，需要健全财政、投资、产业、土地、人口、环境等配套政策和各有侧重的绩效考核评价体系。2015年，环保部、国家发改委联合印发《关于贯彻实施国家主体功能区环境政策的若干意见》，针对禁止开发区、重点生态功能区、农产品主产区、重点开发区、优化开发区提出具体的环境政策。

（1）禁止开发区的环境政策。按照依法管理、强制保护的原则，执行最严格的生态环境保护措施，保持环境质量的自然本底状况，恢复和维护区域生态系统结构和功能的完整性，保持生态环境质量、生物多样性状况和珍稀物种的自然繁衍，保障未来可持续生存发展空间。

（2）重点生态功能区的环境政策。按照生态优先、适度发展的原则，着力推进生态保育，增强区域生态服务功能和生态系统的抗干扰能力，夯实生态屏障，坚决遏制生态系统退化的趋势。保持并提高区域的水源涵养、水土保持、防风固沙、生物多样性维护等生态调节功能，保障区域生态系统的完整性和稳定性，土壤环境维持自然本底水平。水源涵养和生物多样性维护型重点生态功能区水质达到地表水、地下水Ⅰ类，空气质量达到一级；水土保持型重点生态功能区的水质达到Ⅱ类，空气质量达到二级；防风固沙型重点生态功能区的水质达到Ⅱ类，空气质量得到改善。

（3）农产品主产区的环境政策。按照保障基本、安全发展的原则，优先保护耕地土壤环境，保障农产品主产区的环境安全，改善农村人居环境，农村区域达到《环境空气质量标准》（GB 3095-2012）二级标准；主要水产渔业生产区中珍稀水生生物栖息地、鱼虾类产卵场、仔稚幼鱼的索饵场等地表水达到《地表水环境质量标准》Ⅱ类要求，其他水产渔业生产区达到《地表水环境质量标准》Ⅲ类要求，并满足《渔业水质标准》，地下水达到《地下水质量标准》相关要求；农田灌溉用水应满足《农田灌溉水质标准》，严格控制重金属类污染物和有毒物质；重点粮食蔬菜产地执行《食用农产品产地环境质量评价标准》和《温室蔬菜产地环境质量评价标准》要求，一般农田土壤达到《土壤环境质量标准》二级标准。

（4）重点开发区域的环境政策。按照强化管治、集约发展的原则，加强环境管理与管治，大幅降低污染物排放强度，改善环境质量。一般城镇和工业区环境空气质量达到《环境空气质量标准》（GB 3095-2012）二级标准。地表水环境达到《地表水环境质量标准》相关要求，集中式生活饮用水地表水源地一级保护区应达到Ⅱ类标准及补充和特定项目要求，集中式生活饮用水地表水源地二级保护区及准保护区应达到Ⅲ类标准及补充和特定项目要求，工业用水应达到Ⅳ类标准，景观用水应达到Ⅴ类标准，纳污水体要求不影响下游水体功能，地下水达到《地下水质量标准》相关要求。土壤环境达到《土壤环境质量标准》和土壤环境风险评估规范确定的目标要求。

（5）优化开发区域的环境政策。按照严控污染、优化发展的原则，引导城市集约紧凑、绿色低碳发展，减少工矿建设空间和农村生活空间，扩大服务业、交通、城市居住、公共设施空间，扩大绿色生态空间。一般城镇和工业区环境空气质量达到《环境空气质量标准》（GB 3095-2012）二级标准。地表水环境达到《地表水环境质量标准》相关要求，集中式生活饮用水地表水源地一级保护区应达到Ⅱ类标准及补充和特定项目要求，集中式生活饮用水地表水源地二级保护区及准保护区应达到Ⅲ类标准及补充和特定项目要求，工业用水应达到Ⅳ类标准，景观用水应达到Ⅴ类标准，纳污水体要求不影响下游水体功能，地下水达到《地下水质量标准》相关要求。土壤环境达到《土壤环境质量标准》和土壤环境风险评估规范确定的目标要求。

该意见强调"以维护环境功能、保障公众健康、改善生态环境质量为目标"，实施环境分区管治，提出不同环境功能区的生态环境保护需求和管控目标，提升了环境分区管治的科学性和区域环境政策的合理性，在保护和改善环境，防治污染和其他公害，保障公众健康，推进生态文明建设等方面发挥了重要作用。

二、推动主体功能区建设的地方实践

《"十三五"生态环境保护规划》指出要"全面落实主体功能区规划"，强化主体功能区在国土空间开发保护中的基础作用，推动形成主体功能区布局。依据不同区域主体功能定位，制定差异化的生态环境目标、治理保护措施和考核评价要求。各省、自治区、直辖市及新疆生产建设兵团负责编制省级主体功能区规划，进一步实施地区协调发展总体战略，推动形成各区域经济优化、人口合理分布、资源合理利用、环境有效保护的新格局，实现经济社会全面协调可持续发展。

各地在编制地区主体功能区规划时，强调坚持开发与保护并举，把保护放在更加重要的位置；坚持利用市场机制与加强政府调节相结合，发挥市场在国家宏观调控下配置资源的决定性作用；坚持全局利益与局部利益相结合，调动各级政府的积极性，促进生产要素在空间上优化配置和跨地区合理流动，推动各区域分工协作、优势互补、良性互动、共同发展。

各地主体功能区规划通过客观分析国土空间情况，综合评价各地区人口、资源、环境和经济社会条件，合理确定不同区域的主体功能，明确优化开发、重点开发、限制开发、禁止开发的空间布局；以主体功能规划为依据，指导城市、土地等相关规划，全面提高经济效益、社会效益和生态效益；发挥财政、产业、投资、土地、环保、人口等政策的作用，对主体功能区实行分类指导、有所区别的绩效评价和考核办法；加强组织领导，健全工作机构，深入调查研究，完善规划方案，努力提高规划的科学性和有效性。各地主体功能区规划体现出统一性和独特性相结合的特点，都将生态环境保护和可持续发展作为重要目标，并围绕空气、水、生物多样性、气候、资源、植被等提出目标。同时也根据区域特点提出相应的发展目标，如西北地区强调控制沙漠化、水土流失、盐碱化以及草原退化，如长江、黄河等大江大河以及洞庭湖、青海湖等重点流域地区强调提高水质质量。

实施主体功能区制度，划定生产、生活、生态空间开发管制界限，形成符合区域生态文明要求的生产方式和生活方式，是国土开发和保护的新模式、新途径，是中国式现代化中人类生态文明新形态的重要组成部分。

表3-2 各省市主体功能区规划中生态文明建设方面目标设定

省区市	目　标
北京市	人口资源环境协调发展水平进一步提升。首都功能核心区人口与功能得到有效疏解；城市功能拓展区功能、产业结构和人口结构进一步优化；城市发展新区人口、功能承载力显著增强；生态涵养发展区人口向新城和小城镇集聚，涵养水源及生态功能显著提升。
天津市	生态环境明显改善。城市开放强度得到有效控制，能源利用效率不断提高，主要污染物排放进一步降低，万元工业增加值取水量降到10立方米以下，重要江河湖泊水功能区达标率提高到61%，环境质量明显改善。林地、水源地、湿地、滩涂绿地得到切实保护，林木覆盖率提高到25%。自然灾害防御能力明显提升。

续表

省区市	目标
上海市	生态环境不断改善。生态系统稳定性明显增强,森林覆盖率力争达到18%,环境质量得到较大改善,二氧化碳排放强度和主要污染物排放总量持续下降。自然灾害防御水平不断提升,应对气候变化能力明显增强。
重庆市	可持续发展能力提高。全市生态环境质量明显改善,主城区空气质量达到Ⅱ类标准,主要污染物排放得到有效控制。
河北省	生态空间得到优化。生态系统稳定性明显增强,生态退化面积减少,主要污染物排量总量减少,环境治理明显改善,全省重要江河湖泊水功能区水质达标率提高到75%以上。河流、湖泊、湿地面积有所增加,林地保有量增加到7.39万平方公里,森林保有量增加到6.52万平方公里,森林覆盖率达到35%以上,森林蓄积量达到1.7亿立方米以上。
山西省	生态环境明显改善。生态退化面积减少,水土流失面积显著减少,主要污染物排放总量得到有效控制,减排目标任务按期完成,空气质量和水质明显提高,环境安全得到有效保障。积极推进绿化山西建设,森林覆盖率提高到26%以上,森林蓄积量达到15923万立方米以上。草原植被覆盖度明显提高。主要河流湖库水功能区水质达标率有效提高。自然灾害防御能力进一步提升,应对气候变化能力显著增强。
内蒙古自治区	基本建立主体功能区制度,基本形成主体功能清晰明确、生产空间集约高效、生活空间舒适宜居、生态空间山清水秀的空间发展格局,基本建成绿色内蒙古、和谐内蒙古、现代内蒙古。经济布局相对集聚。重点开发区域地区生产总值占全区地区生产总值的比重达到85%左右,农产品主产区和重点生态功能区地区生产总值占全区地区生产总值的比重下降到15%左右。人口布局相对集中。重点开发区域人口占全区总人口的比重达到70%左右,农产品主产区人口占全区总人口的比重下降到20%左右,重点生态功能区人口占全区总人口的比重下降到10%左右。国土开发科学优化。重点开发区域面积控制在全区国土总面积的13.1%以内,农产品主产区面积达到全区国土总面积的16.14%,重点生态功能区面积达到全区国土总面积的70.76%。
山东省	可持续发展能力增强。资源利用效率大幅提高。主要污染物排放得到有效控制,生态环境质量明显提高。生物多样性得到切实保护,森林覆盖率达到30%左右。生态系统稳定性增强,自然灾害防御水平进一步提升,应对气候变化能力明显增强。
江苏省	可持续发展能力增强。生态系统稳定性明显增强,水、空气、土壤等生态环境质量明显改善,生物多样性得到切实保护,林木覆盖率提高到24%,碳汇能力明显增强,地表水好于Ⅲ类水质的比例达到66%,自然灾害防御水平进一步提升,应对气候变化能力显著提高。
安徽省	可持续发展能力增强。全省生态系统稳定性增强,生态环境质量明显改善。森林覆盖率提高到35%。主要污染物排放得到有效控制,主要江河湖库水功能区水质达标率提高到80%左右。自然灾害防御能力明显提高。应对气候变化能力显著增强。生态功能区水源涵养、水土保持、生物多样性维护等生态功能明显提升。

续表

省区市	目标
浙江省	生态环境治理提升。全省生态屏障得到有效保障，生态系统的稳定性进一步增强，生态多样性得到有效保护，环境质量逐步提高。区域生态廊道、城市绿色空间面积和质量逐步提高，森林覆盖率稳定在61%以上，林地保有量不低于66600平方公里。主要污染物排放得到有效控制，矿产资源开发后生态环境得到修复，城镇污水处理率进一步提高，城镇供水水源地水质全面达标，空气质量逐步提高。
黑龙江省	可持续发展能力明显增强。自然保护区等生态功能区的生态功能得到有效恢复和提升，生态系统稳定性增强，自然灾害防御水平进一步提升。沙化等生态退化面积减少，水、空气、土壤等生态环境质量明显改善。到2020年，森林覆盖率提高到50%。主要污染物排放总量得到有效控制，空气质量达到二级标准的天数增加。松花江污染得到基本治理。
吉林省	可持续发展能力增强。生态系统稳定性明显增强，生态退化面积减少，沙化土地得到有效治理，主要污染物排放总量及入河污染物总量减少，环境治理明显改善。生物多样性得到切实保护，森林覆盖率提高到45%。主要江河湖泊水功能区水质达标率提高到80%左右。自然灾害防御水平提升。应对气候变化能力增强。
辽宁省	可持续发展能力增强。有效恢复和提升重点生态功能区的生态功能，生态系统稳定性得到增强，生态环境质量得到明显改善，生物多样性得到切实保护。到2020年，全省森林覆盖率提高到42%，用水总量控制在160.6亿立方米以内(不含境外调水量)，重要河流水功能区水质达标率达75%以上，城镇供水水源地水质全面达标，能源利用效率和资源产出率明显提高。
河南省	资源环境承载能力增强。生态系统稳定性明显增强，主要污染物排放总量减少，环境质量明显改善，生物多样性得到切实保护。森林覆盖率提高到25%，重要江河湖泊水功能区水质达标率提高到75%以上，城镇供水水源地水质全面达标。
湖南省	"两型"社会建设取得重大进展。资源集约节约利用，生态建设和环境保护取得明显成效。单位地区生产总值能耗低于全国平均水平，生态系统稳定性增强，水、空气、土壤等生态环境质量明显改善。森林覆盖率稳定在57%以上，森林蓄积量达到5.71亿立方米。城市逐渐实现生态化、园林化，城市空间人均拥有公园绿地面积达15.5平方米。二氧化硫、氨氮、化学需氧量、氮氧化物等主要污染物完成国家下达的减排任务，城市空气治疗达标率达到95%，湘、资、沅、澧四水和洞庭湖水质逐渐好转，农村面源污染得到有效治理。
湖北省	可持续发展能力明显增强，"两型"社会得以实现。生态系统稳定性进一步提高，生态脆弱地区比重明显降低，生物多样性得到切实保护，重点环境保护城市空气质量不低于二级标准的天数达到90%，长江、汉江主要控制断面水质好于Ⅲ类的比例稳定在90%以上。全省应对洪涝、干旱灾害，滑坡、泥石流等地质灾害，冰雹等气象灾害的能力明显增强。年均因自然灾害造成的经济损失降低50%以上。通过环境保护和生态建设，大力发展循环经济，初步建成资源节约型和环境友好型社会，湖北省在全国经济社会转型过程中的示范作用得以体现。

续表

省区市	目　标
江西省	可持续发展能力增强。生态系统稳定性明显增强，土地退化面积减少，退化湿地有效恢复，生物多样性得到切实保护。重点流域和区域环境质量得到明显改善，主要污染物总量排放得到有效控制，主要江河湖库水功能区水质达标率稳步提高到91%以上。自然灾害防御水平进一步提升，应对气候变化能力明显增强。
福建省	生态省建设成效显著。水土流失面积减少，水、空气、土壤等生态环境质量明显改善，生物多样性得到切实保护，森林覆盖率稳定在65.5%以上。主要污染物排放得到有效控制。人居环境更加优美舒适。工业和生活污染排放大大减少。
广东省	可持续发展能力增强。生态系统稳定性明显增强，水、空气、土壤等生态环境质量明显改善，生物多样性得到切实保护，水功能区水质达标率明显提高，森林覆盖率达到58%，森林蓄积量达到6亿立方米。主要污染物排放得到有效控制，80%的地级以上市达到国家环保模范城市要求，50%以上的地级以上市达到生态市建设要求。自然灾害防御水平进一步提升，应对气候变化能力明显增强。
海南省	可持续发展能力增强。生态系统稳定性增强，水体、土壤、空气、生态等质量进一步提升。主要污染物排放总量得到有效控制，城市空气质量、主要江河湖库水功能区水质保持全国一流水平，农村面源污染得到有效控制。生物多样性得到切实保护，森林覆盖率稳定在62%以上，并逐步提高森林质量。自然灾害防御水平进一步提升。
四川省	生态屏障建设成效显著。生态系统稳定性增强，生态退化面积减少，水土流失得到有效防治，环境质量明显改善，生物多样性得到有效保护，森林覆盖率达到37%，森林蓄积量达到17.2亿立方米以上。主要污染物排放总量和排放强度明显下降，大中城市空气质量基本达到Ⅱ级标准，长江出川断面水质达到Ⅲ类以上，防灾减灾能力进一步提升，应对气候变化能力显著增强。
云南省	可持续发展能力得到增强。资源高效利用率明显提高，生态系统稳定性明显增强，石漠化、水土流失、湿地退化、草原退化等面积减少，水、空气、土壤等生态环境质量明显改善，生物多样性得到切实保护，自然文化资源等保护功能大大提升，森林覆盖率提高到60%左右，主要污染物排放得到有效控制，所有的环境保护重点城市空气质量达到二级标准的天气占全年比例超过90%，六大水系国控和省控断面水环境功能水质达标率在87%以上。防灾抗灾能力显著提高。
贵州省	可持续发展能力增强。生态系统的稳定性明显增强，生物多样性得到切实保护，环境安全得到有效保障。石漠化和水土流失得到有效控制，林草植被得到有效保护与恢复，森林覆盖率提高到50%，森林蓄积量达到4.71亿立方米以上。主要污染物排放总量得到有效控制，主要江河湖库水功能区和集中式水源地按功能类别达标，重要江河湖库水功能区水质达标率不低于85%，空气、土壤等生态环境质量明显改善。水资源综合调配能力明显提高，全省水利工程供水能力达到159.4亿立方米，工程性缺水状况得到有效改善。能源和矿产资源开发利用更加科学合理有序。山洪地质等自然灾害防御水平进一步提升。应对气候变化能力明显增强。

续表

省区市	目　标
西藏自治区	可持续发展能力增强。生态安全屏障建设取得明显成效，生态系统稳定性明显增强，沙漠化、水土流失（冻融侵蚀）、草原退化、湿地退化、河流与湖泊干枯、耕地质量下降等生态退化面积减少，水、空气、土壤等生态环境质量不下降，生物多样性得到切实保护，森林覆盖率提高到12.31%。主要污染物排放得到有效控制，空气质量达到二级标准的天数超过90%的环境保护重点城镇达到100%，各水系好于Ⅲ类的比例达到100%以上，国家重要江河湖泊水功能区达标率在95%以上，入河污染物排放总量明显减少，万元GDP能耗达到国家要求。自然灾害防御水平进一步提升。应对气候变化能力明显增强。
陕西省	可持续发展能力增强。生态系统稳定性明显增强，生态环境质量显著改善。荒漠化、草原退化和湿地退化等得到有效遏制，退耕还林（草）面积增加。资源开发对环境的影响明显降低，主要污染物排放得到有效控制，渭河等主要流域水质明显改善。秦巴山区生物多样性得到切实保护，水源涵养功能进一步强化。自然灾害防御水平进一步提升。应对气候变化能力明显增强。到2020年，力争全省森林覆盖率提高到45%左右，森林蓄积总量达到4.77亿立方米，主要河湖水功能区水质达标率达到82%以上。
甘肃省	可持续发展能力进一步增强。生态系统稳定性明显提高，森林资源持续稳定增长，草原退化、沙漠化、耕地盐碱化、湿地退化等得到遏制，水、空气、土壤等生态环境质量明显改善，生物多样性得到切实保护，主要污染物排放得到有效控制，万元GDP能耗和二氧化碳排放达到国家要求，重点城市空气质量达到二级标准的天数超过85%，主要河流控断面好于Ⅲ类的比例达到80%以上，自然灾害防御水平进一步提高。
青海省	可持续发展能力增强。生态系统稳定性明显提高，沙漠化、草原退化面积减少，水、空气、土壤等生态环境质量明显改善，生物多样性得到切实保护。主要污染物排放得到有效控制，主要城镇空气质量优良率达到75%，长江、黄河、澜沧江和青海湖流域干流水质达到Ⅱ类以上，湟水河稳定达到水环境功能区划要求，森林覆盖率提高到7.5%。自然灾害防御水平进一步提升，应对气候变化能力增强。
宁夏回族自治区	可持续发展能力增强。生态系统稳定性明显增强，沙化、水土流失、盐渍化、湿地退化、草原退化等生态退后面积减少，水、空气、土壤等环境质量明显改善，森林覆盖率达到20%以上。主要污染物排放得到有效控制，主要河湖水功能区水质达标率进一步提高。黄河宁夏段国控、区控断面水质达到Ⅲ类以上标准。自然灾害防御水平进一步提升。应对气候变化能力明显增强。
新疆维吾尔自治区	可持续发展能力提升。生态系统稳定性明显增强，荒漠化和水土流失得到有效控制，草原面积得以稳定和草原植被得以恢复，森林覆盖率提高到4.60%，生物多样性得到切实保护。水资源利用结构和利用效率明显提高，水资源短缺的状况有所缓解。能源和矿产资源开发利用更加科学合理有序。自然灾害防御水平提升。应对气候变化能力明显增强。

续表

省区市	目标
新疆生产建设兵团	可持续发展能力提升。资源利用率和保障能力有一定提高。水资源利用结构和利用效率明显提高，能源和矿产资源开发利用更加科学合理有序，生态系统稳定性明显增强，垦区荒漠化和沙土流失趋势得到遏制，自然灾害防御水平不断提升，应对气候变化能力明显增强。

第三节 健全自然资源资产产权制度

自然资源资产产权制度是加强生态保护、促进生态文明建设的基础性制度。改革开放以来，自然资源资产产权制度逐步建立，在促进自然资源集约利用和有效保护方面发挥了积极作用，但也存在自然资源资产底数不清、所有者不到位、权责不明晰、权益不落实、监管保护制度不健全等问题，引发产权纠纷多发、资源保护乏力、开发利用粗放、生态退化严重等矛盾。以产权制度改革为杠杆，构建归属清晰、权责明确、保护严格、流转顺畅、监管有效的自然资源资产产权制度，是稳步推进生态文明建设的重要环节。

一、布局建立自然资源资产产权制度

党的十八届三中全会指出，健全自然资源资产产权制度和用途管制制度，包括对水流、森林、山岭、草原、荒地、滩涂等自然生态空间进行统一确权登记，形成归属清晰、权责明确、监管有效的自然资源资产产权制度；建立空间规划体系，划定生产、生活、生态空间开发管制界限，落实用途管制；健全能源、水、土地节约集约使用制度；健全国家自然资源资产管理体制，统一行使全民所有自然资源资产所有者职责；完善自然资源监管体制，统一行使所有国土空间用途管制职责。

《中共中央、国务院关于加快推进生态文明建设的意见》指出，完善自然资源资产用途管制制度，明确各类国土空间开发、利用、保护边界，实现能源、水资源、矿产资源按质量分级、梯级利用；严格节能评估审查、水资源论证和取水许可制度；坚持并完善最严格的耕地保护和节约用地制度，强化土地利用总体规划和年度计划管控，加强土地用途转用许可管理；完善矿产资源规划制度，强化矿产开发准入管理。《生态文明体制改革总体方案》从建立统一的确权登记系统、建立权责明确的自然资源产权体系、健全国家自然资源资产管理体制和探索建立分级行使所有权的体制四个方面，提出完善自然资源资产产权制度，通过明晰产权促进自然资源整体保护和集约利用。

在健全自然资源资产产权制度方面，《生态文明体制改革总体方案》提出五方面内容：

一是建立统一的确权登记系统。坚持资源公有、物权法定，清晰界定全部国土空间各类自然资源资产的产权主体。对水流、森林、山岭、草原、荒地、滩涂等所有自然生态空间统一进行确权登记，逐步划清全民所有和集体所有之间的边界，划清全民所有、不同层级政府行使所有权的边界，划清不同集体所有者的边界。推进确权登记法治化。

二是建立权责明确的自然资源产权体系。制定权力清单，明确各类自然资源产权主体权利。处理好所有权与使用权的关系，创新自然资源全民所有权和集体所有权的实现形式，除生态功能重要的外，可推动所有权和使用权相分离，明确占有、使用、收益、处分等权利归属关系和权责，适度扩大使用权的出让、转让、出租、抵押、担保、入股等权能。明确国有农场、林场和牧场土地所有者与使用者权能。全面建立覆盖各类全民所有自然资源资产的有偿出让制度，严禁无偿或低价出让。统筹规划，加强自然资源资产交易平台建设。

三是健全国家自然资源资产管理体制。按照所有者和监管者分开和一件事情由一个部门负责的原则，整合分散的全民所有自然资源资产所有者职责，组建对全民所有的矿藏、水流、森林、山岭、草原、荒地、海域、滩涂等各类自然资源统一行使所有权的机构，负责全民所有自然资源的出让等。

四是探索建立分级行使所有权的体制。对全民所有的自然资源资产，按照不同资源种类和在生态、经济、国防等方面的重要程度，研究实行中央和地方政府分级代理行使所有权职责的体制，实现效率和公平相统一。分清全民所有中央政府直接行使所有权、全民所有地方政府行使所有权的资源清单和空间范围。中央政府主要对石油天然气、贵重稀有矿产资源、重点国有林区、大江大河大湖和跨境河流、生态功能重要的湿地草原、海域滩涂、珍稀野生动植物种和部分国家公园等直接行使所有权。

五是开展水流和湿地产权确权试点。探索建立水权制度，开展水域、岸线等水生态空间确权试点，遵循水生态系统性、整体性原则，分清水资源所有权、使用权及使用量。在甘肃、宁夏等地开展湿地产权确权试点。

二、推动多项自然资源产权制度完善

1954年宪法规定，"矿藏、水流，由法律规定为国有的森林、荒地和其他资源，都属于全民所有。"随着社会主义改造完成，中国建立起以公有制为基础的自然资源资产产权制度。改革开放后，自然资源产权出现较大调整，1982年宪法规定，"矿藏、水流、森林、山岭、草原、荒地、滩涂等自然资源，都属于国家所有，即全民所有；由法律规定属于集体所有的森林和山岭、草原、荒地、滩涂除外，"自然资源的国家与集体二元制结构由此形成。随着经济社会的发展，自然资源所有权和使用权相分离，中国形成"以公有制为基础，所有权使用权分离，囊括地权、房权、海权、林权、草权、水权、矿权、渔业权、空间权等诸多权利，横跨陆海空"的自然资源产权制度。[1]

党的十八大以来，中国加快自然资源产权制度建设步伐。2014年、2015年相继出台《不动产登记暂行条例》《不动产登记暂行条例实施细则》，并在2019年进行了相应修订，其中规定由国土资源部（2018年开始由新组建的自然资源部）负责指导监督全国土地、房屋、草原、林地、海域等不动产统一登记工作，实现各类自然资源分散登记向不动产

---

[1]《推进落实健全自然资源资产产权制度》，《中国自然资源报》2019年2月19日。

统一登记的形式转变。2019年，自然资源部、财政部、生态环境部、水利部、国家林业和草原局联合印发《自然资源统一确权登记暂行办法》，规范对水流、森林、山岭、草原、荒地、滩涂、海域、无居民海岛以及探明储量的矿产资源等自然资源的所有权和所有自然生态空间统一进行确权登记的办法，要求从2019年起利用五年时间基本完成全国重点区域自然资源统一确权登记，在此基础上，通过补充完善的方式逐步实现全国全覆盖。

地权制度方面。开展农村土地承包经营权确权登记颁证，建立健全土地承包经营权登记制度，第二轮土地承包到期后再延长30年；建立健全农村土地三权分置制度。2014年，中共中央办公厅、国务院办公厅印发《关于引导土地经营权有序流转发展农业适度规模经营的意见》，要求积极培育新型农业经营主体，发展多种形式的规模经营；统筹推进农村土地征收、集体经营性建设用地入市、宅基地制度改革；出台《关于农村土地征收、集体经营性建设用地入市、宅基地制度改革试点工作的意见》《关于引导农村产权流转交易市场健康发展的意见》，探索集体经营性建设用地入市制度，逐步构建起符合农村实际和土地产权流转交易特点的制度框架。2016年中共中央办公厅、国务院办公厅印发的《关于完善农村土地所有权承包权经营权分置办法的意见》提出完善农村土地三权分置制度，坚持集体所有权，稳定农户承包权，放活土地经营权，引导土地经营权有序流转，并发展多种形式开展适度规模经营。

水权制度方面。2016年，水利部制定印发《水权交易管理暂行办法》，明确区域水权交易和灌溉用水户水权交易的主体、条件、程序等；成立中国水权交易所，各省建立水权交易平台，推动水权交易规范有序进行；出台《水利部关于加强水资源用途管制的指导意见》，明确水资源的生活、生产和生态用途，健全用水总量控制指标体系，强化水资源的行业配置，科学确定江河湖泊生态流量。2018年水利部、国家发展改革委、财政部联合印发《关于水资源有偿使用制度改革的意见》，推进水资源有偿使用制度改革，促进水资源高效可持续利用。

林权制度方面。2013年中国银监会、国家林业局出台《关于林权抵押贷款的实施意见》，明确提出林农和林业生产经营者可以用承包经营的商品林做抵押从银行贷款用于林业生产经营的需要，实现了林业资源变资本的历史性突破。2016年发布的《"十三五"生态环境保护规划》提出，要创新产权模式，鼓励地方探索在重要生态区域通过赎买、置换等方式调整商品林为公益林的政策。同年，国务院办公厅印发《关于完善集体林权制度的意见》，提出稳定集体林地承包关系、放活生产经营自主权、引导集体林适度规模经营、加强集体林业管理服务。上述一系列文件的陆续发布，使林地流转、林权抵押贷款、森林保险等政策不断完善，集体林业发展活力逐步显现。

矿业权制度方面。2017年，中共中央办公厅、国务院办公厅印发《矿业权出让制度改革方案》，要求按照市场经济要求和矿业规律，改革完善矿业权出让制度，建成"竞争出让更加全面，有偿使用更加完善，事权划分更加合理，监管服务更加到位"的矿业权出让制度。其中提出，矿业权一律以招标拍卖挂牌方式出让，由市场判断勘查开采风险，决定矿业权出让收益。同时，严格矿业出让交易监管，建立全国联网的矿业权出让信息公开查询系统，全面实行矿业权勘查开采信息公开制度。

三、深化自然资源资产产权制度改革

2019年，中共中央办公厅、国务院办公厅印发《关于统筹推进自然资源资产产权制度改革的指导意见》，其中强调，到2020年，归属清晰、权责明确、保护严格、流转顺畅、监管有效的自然资源资产产权制度基本建立，自然资源开发利用效率和保护力度明显提升，为完善生态文明制度体系、保障国家生态安全和资源安全、推动形成人与自然和谐发展的现代化建设新格局提供有力支撑。

《意见》提出健全自然资源资产产权体系、明确自然资源资产产权主体、开展自然资源统一调查监测评价、加快自然资源统一确权登记、强化自然资源整体保护、促进自然资源资产集约开发利用、推动自然生态空间系统修复和合理补偿、健全自然资源资产监管体系以及完善自然资源资产产权法律体系九方面任务；强调要坚持保护优先、集约利用，市场配置、政府监管、物权法定、平等保护、依法改革、试点先行的基本原则。《意见》的发布，有助于解决自然资源归谁所有、由谁所用、谁担责任、谁来收益等重大问题，推动加快健全自然资源资产产权制度，为完善社会主义市场经济体制、维护社会公平正义、建设美丽中国提供基础支撑。

第四节 构建国土空间开发保护制度

国土是国家和国民赖以生存和发展的基础，是生态文明建设的空间载体。习近平总书记指出，"要按照人口资源环境相均衡、经济社会生态效益相统一的原则，整体谋划国土空间开发，统筹人口分布、经济布局、国土利用、生态环境保护，科学布局生产空间、生活空间、生态空间，给自然留下更多修复空间，给农业留下更多良田，给子孙后代留下天蓝、地绿、水净的美好家园。"[1]构建国土空间开发保护制度，将开发与保护更好地结合起来，将更有助于国土的保护利用。

一、做好国土空间规划工作

国土空间规划是国家空间发展的指南、可持续发展的空间蓝图，是各类开发保护建设活动的基本依据。各级各类空间规划往往存在规划类型多、内容重叠冲突等问题，有必要建立全国统一、责权清晰、科学高效的国土空间规划体系，整体谋划新时代国土空间开发保护格局。《生态文明体制改革总体方案》从三个方面提出建立空间规划体系，包括编制空间规划，通过整合目前各部门分头编制的各类空间性规划，编制统一的空间规划，实现规划全覆盖；支持市县推进"多规合一"，统一编制市县空间规划，逐步形成一个市县一个规划、一张蓝图的模式；创新市县空间规划编制方法，探索规范化的市县空间规划编制程序，扩大社

---

[1]《习近平关于社会主义生态文明建设论述摘编》，中央文献出版社2017年版，第44页。

会参与，增强规划的科学性和透明度。

《"十三五"生态环境保护规划》强调，"十四五"期间要推动"多规合一"。以主体功能区规划为基础，规范完善生态环境空间管控、生态环境承载力调控、环境质量底线控制、战略环评与规划环评刚性约束等环境引导和管控要求，制定落实生态保护红线、环境质量底线、资源利用上线和环境准入负面清单的技术规范，强化"多规合一"的生态环境支持。以市县级行政区为单元，建立由空间规划、用途管制、差异化绩效考核等构成的空间治理体系。积极推动建立国家空间规划体系，统筹各类空间规划，推进"多规合一"。其中明确提出，自2018年起启动省域、区域、城市群生态环境保护空间规划研究。

2019年，中共中央、国务院发布《关于建立国土空间规划体系并监督实施的若干意见》，对建立国土空间规划体系的总体要求、总体框架、编制要求、实施与监管、法规政策与技术保障、工作要求等进行了全面部署，提出分级分类建立国土空间规划、明确各级国土空间总体规划编制重点、强化对专项规划的指导约束作用、在市县及以下编制详细规划。《意见》明确提出：到2020年，基本建立国土空间规划体系，逐步建立起"多规合一"的规划编制审批体系、实施监管体系、法规政策体系和技术标准体系；基本完成市县以上各级国土空间总体规划的编制，初步形成全国国土空间开发保护的"一张图"。到2025年，健全国土空间规划的法规政策和技术标准体系。到2035年，全面提升国土空间治理体系和治理能力现代化水平。该意见的实施，有助于将主体功能区规划、土地利用规划、城乡规划等空间规划融合为统一的国土空间规划，实现"多规合一"，强化国土空间规划对各专项规划的指导约束作用。

二、强化国土空间用途管制

国土空间用途管制制度是根据规划所划定的土地用途分区，确定土地使用限制条件，实行用途变更许可的一项强制性制度。《中共中央关于全面深化改革若干重大问题的决定》强调要"完善自然资源监管体制，统一行使所有国土空间用途管制职责"。《生态文明体制改革总体方案》

明确提出健全国土空间用途管制制度，包括简化自上而下的用地指标控制体系，调整按行政区和用地基数分配指标的做法；将开发强度指标分解到各县级行政区，作为约束性指标，控制建设用地总量；将用途管制扩大到所有自然生态空间，划定并严守生态红线，严禁任意改变用途，防止不合理开发建设活动对生态红线的破坏；完善覆盖全部国土空间的监测系统，动态监测国土空间变化。

2016年，《"十三五"生态环境保护规划》提出"建立由空间规划、用途管制、差异化绩效考核等构成的空间治理体系。"2017年，中共中央办公厅、国务院办公厅印发《省级空间规划试点方案》，在吉林、浙江、福建、江西、河南、广西、海南、贵州、宁夏九个省区开展试点，要求以主体功能区规划为基础，全面摸清并分析国土空间本底条件，划定城镇、农业、生态空间以及生态保护红线、永久基本农田、城镇开发边界（即"三区三线"），注重开发强度管控和主要控制线落地，统筹各类空间性规划，编制统一的省级空间规划，为实现"多规合一"、建立健全国土空间开发保护制度积累经验、提供示范。2018年，自然资源部成立，承担统一行使所有国土空间用途管制和生态保护修复职责、建立空间规划体系并监督实施的职责。

2019年，中共中央、国务院发布《关于建立国土空间规划体系并监督实施的若干意见》，提出健全用途管制制度，包括以国土空间规划为依据，对所有国土空间分区分类实施用途管制。在城镇开发边界内的建设，实行"详细规划＋规划许可"的管制方式；在城镇开发边界外的建设，按照主导用途分区，实行"详细规划＋规划许可"和"约束指标＋分区准入"的管制方式。对以国家公园为主体的自然保护地、重要海域和海岛、重要水源地、文物等实行特殊保护制度。因地制宜制定用途管制制度，为地方管理和创新活动留有空间。国土空间用途管制制度的实施有助于解决因无序开发、过度开发、分散开发导致的优质耕地和生态空间占用过多、生态破坏、环境污染等问题，推动国土资源的合理利用。

三、完善生态环境保护标准

生态环境保护标准是指，为了保护人体健康和生存环境，维护生态平衡和资源利用稳定，对环境中污染物和有害因素的允许含量所作的限制性规定，包括水质量标准、大气质量标准、土壤质量标准、生物质量标准，以及噪声、辐射、振动、放射性物质等方面的质量标准。这一标准是落实环境保护法律法规的重要支撑，也是推进生态环境保护的基本依据。至 2010 年末，中国共有各类环境保护标准 1312 项，包括国家环境质量标准 14 项，国家污染物排放标准 138 项，环境监测规范（环境监测方法标准、环境标准样品、环境监测技术规范）705 项，管理规范类标准 437 项，环境基础类标准（环境基础标准和标准制修订技术规范）18 项，国家环境保护标准体系的主要内容基本健全。与此同时，各省市也制定了地方环境保护标准，2010 年末地方污染物排放标准达到 63 项。

中央和地方层面建立的诸多生态环境保护标准中，生态环境保护标准体系的部分标准之间存在重合等问题。水质标准方面就存在地表水环境质量标准、农田灌溉水质标准、渔业水质标准三套标准，空气质量方面也包括环境空气质量标准和保护农作物的大气污染物最高允许浓度两套标准，而部分形成较早的标准也不能完全适应新时代生态环境保护工作的需要。

2013 年，环保部发布《国家环境保护标准"十二五"发展规划》，提出：将修订、优化和整合 600 项各类环境保护标准，正式发布标准 300 余项；基本完成国家环境保护标准体系构建，形成支撑污染减排、重金属污染防治、持久性有机污染物污染防治等重点工作的 8 大类标准；建立环境保护标准实施评估工作机制，开展 30 项左右重点环境保护标准的实施评估，形成相应评估报告，以指导相关标准制修订，提出环境管理建议；形成一支专业齐全、数量充足、结构合理的专业技术队伍，组建相对稳定的环境保护标准咨询专家队伍（约 500 人）。至"十二五"末，中国共发布国家环保标准 493 项、废止标准 244 项，现行标准 1679 项,包括环境质量标准 16 项、污染物排放(控制)标准 161 项、环境监测类标准 1001 项、管理规范类标准 481 项以及环境基础类标准 38 项;发布《关于加强地方环保标准工作的指导意见》《关于抓紧复审和清理地方环境质量标准和污染物排放标准的通知》等文件,加强对地方环保标准的指导和管理,理顺国家标准与地方标准之间的关系,其间通过备案的地方环保标准达 148 项,比"十一五"期间增加 85 项。

环境标准的修订有效支撑了污染治理工作。大气污染治理方面,中国陆续修订了火电、炼焦、钢铁、水泥、石油炼制、石油化工、无机化工、工业锅炉、砖瓦、玻璃、轻型汽车等重点行业 28 项大气污染物排放标准,再加现行国家大气污染物排放标准达到 73 项,控制项目达到 120 项,有效支撑了对二氧化硫、氮氧化物等污染物排放的控制。水污染治理方面,中国发布了纺织、合成氨、磷肥、柠檬酸、钢铁、化工等 25 项行业型污染物排放标准,提高了环境准入门槛,再加上现行国家水污染物排放标准达到 64 项,控制项目达到 158 项,与主要发达国家和地区控制水平相当。同时,环境治理标准的修订推动了环境管理转型,实现了环境管理目标导向由控制污染转向改善环境质量,2012 年发布的《环境空气治理标准》(GB 3095-2012)实现了与国际标准接轨,评价结果与公众对空气质量的主观感受更加一致。此外,环保标准宣传和教育水平也有了较大幅度提高。"十二五"期间,相关部门平均每年面向全国环保系统举办培训 3—4 次,累计培训 5000 余人次,带动地方培训约 2 万人次,充分利用电视、网络、期刊、报纸、热线等多渠道开展环保标准宣传,大大提高了社会各界对环保标准的理解和认识。

2017 年 4 月,环保部印发《国家环境保护标准"十三五"发展规划》,提出"大力推动标准制修订"的总体目标,围绕排污许可及水、大气、土壤等环境管理中心工作,加大对研发项目的推进力度,制修订一批关键标准。构建基于实测的标准制修订及实施评估方法体系,优化形成内部科学、外部协调的环保标准体系。进一步加强污染物排放标准的实施评估,提升标准的科学性与可操作性。制修订并实施一批标准管理规章制度，形成一支专业扎实、特色明显的环保标准队伍，深化标准信息化建设，提高标准管理的规范性和高效性。加强宣传培训及交流合作，扩大中国环保标准的社会影响。《规划》中提出的相关具体任务包括：环保标准制修订项目方面，启动约300项环保标准制修订项目，以及20项解决环境质量标准、污染物排放（控制）标准制修订工作中有关达标判定、排放量核算等关键和共性问题项目，全力推动已立项的约600项及新启动的约300项，共计约900项环保标准制修订工作。环保标准发布方面，发布约800项环保标准，包括质量标准和污染物排放（控制）标准约100项，环境监测类标准约400项，环境基础类标准和管理规范类标准约300项，支持环境管理重点工作。推动环保标准实施评估方面，推动30余项重点环保标准实施评估，指导相关标准制修订，提出环境管理建议。制修订管理制度文件方面，制修订《国家环境保护标准制修订工作管理办法》《国家污染物排放标准实施评估工作指南》等管理制度文件，规范管理工作。环保培训方面，开展国家级培训3000人次以上，带动地方培训15000人次以上。

截至2020年底，主要目标任务基本达成，完成制修订并发布国家生态环境标准551项，包括4项环境质量标准、37项污染物排放标准等。[1]生态环境法规标准体系建设和重大法治、重大改革紧密融合，推动环境污染治理取得显著成效，确保生态环境保护各项工作取得重要进展。

第五节　严明生态环境保护责任制度

党的十八届三中全会强调，必须建立系统完整的生态文明制度体系，实行最严格的源头保护制度、损害赔偿制度、责任追究制度。

---

[1]《"十三五"生态环境保护领域9项约束性指标今年底将全面完成》，《人民日报》2020年10月22日。

《"十三五"生态环境保护规划》强调要"坚持履职尽责、社会共治"的基本原则,建立严格的生态环境保护责任制度,合理划分中央和地方环境保护事权和支出责任,落实生态环境保护党政同责、一岗双责,统筹推进生态环境治理体系建设,开展环保督察巡视、编制自然资源资产负债表、领导干部自然资源资产离任审计、生态环境损害责任追究,落实地方环境保护责任。党的十九届四中全会强调,严明生态环境保护责任制度,明确生态保护责任主体,将生态环境保护责任制度贯穿源头预防、过程控制、损害赔偿、责任追究的生态文明建设全过程。

一、明确生态环境保护责任清单

中国强化政府机关生态环境保护责任建设,推行河湖长制、林长制制度。河湖长制是由各级党政负责同志担任河湖长,负责组织领导相应河湖治理和保护的一项生态文明建设制度创新。通过构建责任明确、协调有序、监管严格、保护有力的河湖管理保护机制,为维护河湖健康生命、实现河湖功能永续利用提供制度保障。

2016年,中共中央办公厅、国务院办公厅印发《关于全面推行河长制的意见》,要求全面建立省、市、县、乡四级河长体系。各省(自治区、直辖市)设立总河长,由党委或政府主要负责同志担任;各省(自治区、直辖市)行政区域内主要河湖设立河长,由省级负责同志担任;各河湖所在市、县、乡均分级分段设立河长,由同级负责同志担任。县级及以上河长设置相应的河长制办公室,具体组成由各地根据实际确定。各级河长负责组织领导相应河湖的管理和保护工作,包括水资源保护、水域岸线管理、水污染防治、水环境治理等,牵头组织对侵占河道、围垦湖泊、超标排污、非法采砂、破坏航道、电毒炸鱼等突出问题依法进行清理整治,协调解决重大问题;对跨行政区域的河湖明晰管理责任,协调上下游、左右岸实行联防联控;对相关部门和下一级河长履职情况进行督导,对目标任务完成情况进行考核,强化激励问责。河长制办公室承担组织实施具体工作,落实河长确定的事项。各有关部门和单位按照职责分工,协同推进各项工作。

林长制是指按照分级负责原则构建的省市县乡村五级林长制体系，由各级林长负责督促指导本责任区内森林资源保护发展工作，协调解决森林资源保护发展重大问题，依法查处各类破坏森林资源的违法犯罪行为。2017年3月，安徽省率先探索建立林长制，在合肥、宣城、安庆市开展试点。2021年，中共中央办公厅、国务院办公厅印发《关于全面推行林长制的意见》，要求各地区各部门结合实际认真贯彻落实，提出以"坚持生态优先、保护为主"、"坚持绿色发展、生态惠民"、"坚持问题导向、因地制宜"和"坚持党委领导、部门联动"为原则，各省（自治区、直辖市）设立总林长，由省级党委或政府主要负责同志担任；设立副总林长，由省级负责同志担任，实行分区（片）负责管理。各省（自治区、直辖市）根据实际情况，可设立市、县、乡等各级林长。地方各级林业和草原主管部门承担林长制组织实施的具体工作，职责包括：各地要综合考虑区域、资源特点和自然生态系统完整性，科学确定林长责任区域。各级林长组织领导责任区域森林草原资源保护发展工作，落实保护发展森林草原资源目标责任制，将森林覆盖率、森林蓄积量、草原综合植被盖度、沙化土地治理面积等作为重要指标，因地制宜确定目标任务；组织制定森林草原资源保护发展规划计划，强化统筹治理，推动制度建设，完善责任机制；组织协调解决责任区域的重点难点问题，依法全面保护森林草原资源，推动生态保护修复，组织落实森林草原防灭火、重大有害生物防治责任和措施，强化森林草原行业行政执法。

加强党政干部的生态环境保护责任。2015年以来，按照党中央、国务院决策部署和《开展领导干部自然资源资产离任审计试点方案》的要求，中国围绕建立规范的领导干部自然资源资产离任审计制度，坚持边试点、边探索、边总结、边完善，在湖南省娄底市、河北省、内蒙古呼伦贝尔市、山西省等地进行试点。2017年6月，中共中央办公厅、国务院办公厅印发《领导干部自然资源资产离任审计规定（试行）》，明确提出，自然资源资产将成为领导干部离任审计的经常性项目，要将领导干部自然资源资产离任审计纳入完善生态文明绩效评价考核和责任追究制度中。2020年3月，中共中央办公厅、国务院办公厅印发《中央和国家机关有关部门生态环境保护责任清单》，部署中央和国家机关有关部门生态环境保护任务分工和行动计划，推动落实生态环境保护方面实现党政同责、一岗双责，以更高的政治站位、更强的责任担当、更有力的实际行动，切实抓好生态环境保护工作。

实行生态环境保护督察制度。2015年，中央全面深化改革领导小组审议通过《环境保护督察方案（试行）》，为环保督察提供了制度依据、设计了执行框架。2018年，中央全面深化改革委员会第一次会议审议了《关于第一轮中央环境保护督察总结和下一步工作的报告》。2019年6月，中共中央办公厅、国务院办公厅印发《中央生态环境保护督察工作规定》，强调实行生态环境保护督察制度，设立专职督察机构，对省、自治区、直辖市党委和政府、国务院有关部门以及有关中央企业等组织开展生态环境保护督察。成立中央生态环境保护督察工作领导小组，负责组织协调推动中央生态环境保护督察工作。领导小组组长、副组长由党中央、国务院研究确定，组成部门包括中央办公厅、中组部、中宣部、国务院办公厅、司法部、生态环境部、审计署和最高人民检察院等。中央生态环境保护督察包括例行督察、专项督察和"回头看"等工作内容，原则上在每届党的中央委员会任期内，均对各省、自治区、直辖市党委和政府，国务院有关部门以及有关中央企业开展例行督察，并根据需要对督察整改情况实施"回头看"。同时针对突出生态环境问题，视情况组织开展专项督察。2022年，中共中央办公厅、国务院办公厅印发《中央生态环境保护督察整改工作办法》，进一步推动督察整改工作规范化、制度化，完善监督整改工作长效机制。从2015年底中央生态环保督察开始试点，到2018年完成第一轮督察，并对20个省（区）开展"回头看"；从2019年启动第二轮督察，到2022年上半年，分6批完成了对全国31个省（区、市）和新疆生产建设兵团、2个部门和6家中央企业的督察。第一轮督察和"回头看"整改方案明确的3294项整改任务，总体完成率达到95%。第二轮前三批整改方案明确的1227项整改任务，半数已经完成。第四、五、六批督察整改正在积极有序推进。两轮督察受理转办的群众生态环境信访举报28.7万件，至2022年

7月完成整改28.5万件。督察工作解决了一大批长期想解决而未能解决的突出生态环境问题，包括长江岸线保护、洞庭湖非法矮围整治、祁连山生态修复、秦岭违建别墅整治等问题。[1]

二、打造现代环境治理体系

习近平总书记在党的十九大报告中指出，"打造共建共治共享的社会治理格局"[2]，强调要加强社会治理制度建设，完善党委领导、政府负责、社会协同、公众参与、法治保障的社会治理体制，提高社会治理社会化、法治化、智能化、专业化水平。2020年，中共中央办公厅、国务院办公厅印发《关于构建现代环境治理体系的指导意见》，提出构建党委领导、政府主导、企业主体、社会组织和公众共同参与的现代环境治理体系。

《意见》中指出，构建现代环境治理体系，要坚持党的领导。贯彻党中央关于生态环境保护的总体要求，实行生态环境保护党政同责、一岗双责；坚持多方共治，明晰政府、企业、公众等各类主体权责，畅通参与渠道，形成全社会共同推进环境治理的良好格局；坚持市场导向，完善经济政策，健全市场机制，规范环境治理市场行为，强化环境治理诚信建设，促进行业自律；坚持依法治理，健全法律法规标准，严格执法、加强监管，加快补齐环境治理体制机制短板。《意见》提出构建现代环境治理体系的目标，到2025年，建立健全环境治理的领导责任体系、企业责任体系、全民行动体系、监管体系、市场体系、信用体系、法律法规政策体系，落实各类主体责任，提高市场主体和公众参与的积极性，形成导向清晰、决策科学、执行有力、激励有效、多元参与、良性互动的环境治理体系。

各省市就推动建立现代环境治理体系作出具体部署和安排。福建省

---

[1]《国新办举行中央生态环境保护督察进展成效发布会》，生态环境部网站，2022年7月6日。

[2] 习近平：《决胜全面建成小康社会 夺取新时代中国特色社会主义伟大胜利》，人民出版社2017年版，第49页。

按照"完善中央统筹、省负总责、市县抓落实的工作机制"要求，各市县成立生态环境保护委员会，党委和政府主要负责人任主任。下设办公室，办公室主任由政府分管领导担任。按照中央依法实行排污许可管理制度要求，福建提出推行固定污染源排污许可"一证式"管理，2020年实现固定污染源排污许可核发全覆盖，衔接环境准入、排放标准和总量控制等要求，实现污染预防、治理和排放控制的全过程监管，并将排污许可执行情况作为环境信用评价的重要依据。四川省按照中央提高治污能力和水平要求，提出探索建立四川省企业环保"领跑者"制度，支持企业开展节能环保技术改造。按照中央加强政务诚信建设的要求，提出完善环境治理政务失信记录机制，将各级政府部门和公职人员在环境保护工作中因违法违规、失信违约被司法判决、行政处罚、纪律处分、问责处理等信息纳入政务失信记录，并归集至相关信用信息共享平台，依托信用中国（四川）网等媒体依法依规逐步公开。

三、构建生态环境损害赔偿制度

生态环境损害，是指因污染环境、破坏生态造成大气、地表水、地下水、土壤、森林等环境要素和植物、动物、微生物等生物要素的不利改变，以及上述要素构成的生态系统功能退化。《关于加快推进生态文明建设的意见》和《生态文明体制改革总体方案》提出要严格实行生态环境损害赔偿制度。2015年，中共中央办公厅、国务院办公厅发布《生态环境损害赔偿制度改革试点方案》，以探索建立生态环境损害的修复、赔偿制度为目标，在吉林等七个省市部署开展改革试点。2017年，中共中央办公厅、国务院办公厅印发《生态环境损害赔偿制度改革方案》，明确在全国试行生态环境损害赔偿制度，到2020年力争在全国范围内初步构建责任明确、途径畅通、技术规范、保障有力、赔偿到位、修复有效的生态环境损害赔偿制度。

《生态环境损害赔偿制度改革方案》明确赔偿范围包括清除污染费用、生态环境修复费用、生态环境修复期间服务功能的损失、生态环境功能永久性损害造成的损失以及生态环境损害赔偿调查、鉴定评估等合理费用，并强调违反法律法规造成生态环境损害的单位或个人，应当承担生态环境损害赔偿责任，做到应赔尽赔。国务院授权省级、市地级政府（包括直辖市所辖的区县级政府）作为本行政区域内生态环境损害赔偿权利人。该方案进一步明确生态环境损害赔偿范围、责任主体、索赔主体、损害赔偿等解决途径，推动形成相应的鉴定评估管理和技术体系、资金保障和运行机制，有助于生态环境损害修复和赔偿制度建立，加快推进生态文明建设。

第六节 完善生态环境监管制度

习近平总书记高度重视生态环境监管工作，强调"要加强系统监管和全过程监管，对破坏生态环境的行为决不手软，对生态环境违法犯罪行为严惩重罚。"[1]加强生态保护监管是提升生态系统质量和稳定性、守住自然生态安全边界、促进人与自然和谐共生的重要基础和保障。

一、建立健全生态环境监管制度

建立系统完整且行之有效的生态环境监管制度，是推进生态文明建设的重要任务。《环境保护"十二五"规划》指出，我国环境保护方面"监管能力相对滞后"，强调要健全国家监察、地方监管、单位负责的环境监管体制。党的十八届三中全会强调要强化生态环境监管制度，包括"形成归属清晰、权责明确、监管有效的自然资源资产产权制度，完善自然资源监管体制，统一行使所有国土空间用途管制职责"，"建立和完善严格监管所有污染物排放的环境保护管理制度，独立进行环境监管和行政执法"。

《生态文明体制改革总体方案》中提出："发挥社会组织和公众的参

---

[1]《加强反垄断反不正当竞争监管力度 完善物资储备体制机制深入打好污染防治攻坚战》，《人民日报》2021年8月31日。

与和监督作用""区分自然资源资产所有者权利和管理者权力，合理划分中央地方事权和监管职责""构建归属清晰、权责明确、监管有效的自然资源资产产权制度，着力解决自然资源所有者不到位、所有权边界模糊等问题""构建以改善环境质量为导向，监管统一、执法严明、多方参与的环境治理体系，着力解决污染防治能力弱、监管职能交叉、权责不一致、违法成本过低等问题"。

为进一步明确监管主体和监管权责，整合分散的生态环境监管职能，2018年国家成立生态环境部，统一行使组织制定各类自然保护地生态环境监管制度并监督执法的职责，改变了生态环境监管职能权责不清、职能重叠的局面。《关于统筹推进自然资源资产产权制度改革的指导意见》，提出国务院授权自然资源主管部门具体代表统一行使全民所有自然资源资产所有者职责；研究建立国务院自然资源主管部门行使全民所有自然资源资产所有权的资源清单和管理体制；探索建立委托省级和市（地）级政府代理行使自然资源资产所有权的资源清单和监督管理制度。

高度重视强化对污染物排放的监管。2016年国务院办公厅发布《控制污染物排放许可制实施方案》，实施控制污染物排放许可制。控制污染物排放许可制（以下称"排污许可制"）是依法规范企事业单位排污行为的基础性环境管理制度，由环境保护部门通过对企事业单位发放排污许可证并依证监管实施排污。其中要求，到2020年，完成覆盖所有固定污染源的排污许可证核发工作，全国排污许可证管理信息平台有效运转，各项环境管理制度精简合理、有机衔接，企事业单位环保主体责任得到落实，基本建立法规体系完备、技术体系科学、管理体系高效的排污许可制，对固定污染源实施全过程管理和多污染物协同控制，实现系统化、科学化、法治化、精细化、信息化的"一证式"管理。

推动跨地区生态环境监管制度建设。2020年，生态环境部、水利部联合印发《关于建立跨省流域上下游突发水污染事件联防联控机制的指导意见》，提出了建立协作制度、加强研判预警、科学拦污控污、强化信息通报、实施联合监测、协同污染处置、做好纠纷调处、落实基础保障八方面意见，初步建立政府主导、企业参与的突发环境事件应急机制。

2020年，生态环境部印发《自然保护地生态环境监管工作暂行办法》，由生态环境部、省级生态环境部门和市级及其以下生态环境部门分别负责指导、组织和协调各级各类自然保护地生态环境监管工作，生态环境部门依法依规向社会公开自然保护地生态环境监管工作情况并接受社会监督，鼓励公民、法人和其他组织依据参与自然保护地生态环境保护监督，对自然保护地的设立、晋（降）级、调整、整合和退出实施监督。组织建立自然保护地生态环境监测制度、制定相关标准和技术规范，组织建设国家自然保护地"天空地一体化"生态环境监测网络体系，重点开展国家级自然保护地生态环境监测；印发《关于加强生态保护监管工作的意见》，提出完善生态监测和评估体系、加强重点领域监管、加大生态破坏问题监督和查处力度、深入推进生态文明示范建设等重要任务，明确了加强生态保护监管工作的七项具体任务。强调到2025年，初步形成生态保护监管法规标准体系，初步建立全国生态监测网络，提高自然保护地、生态保护红线监管能力和生物多样性保护水平，提升生态文明建设示范引领作用，初步形成与生态保护修复监管相匹配的指导、协调和监督体系，生态安全屏障更加牢固，生态系统质量和稳定性进一步提升。到2035年，建成与美丽中国目标相适应的现代化生态保护监管体系和监管能力，促进人与自然和谐共生。

2022年3月，生态环境部印发《"十四五"生态保护监管规划》，提出以建立健全生态保护监管体系为主线，提升生态保护监管协同能力和基础保障能力，有序推进生态保护监管体系和监管能力现代化，守住自然生态安全边界，持续提升生态系统质量和稳定性，筑牢美丽中国根基。到2025年，中国将建立较为完善的生态保护监管政策制度和法规标准体系，初步建立全国生态监测监督评估网络，对重点区域开展常态化遥感监测，生态保护修复监督评估制度进一步健全，自然保护地、生态保护红线监管能力和生物多样性保护水平进一步提高，自然保护地不合理开发活动基本得到遏制。

二、完善优化国土环境监测体系

完整高效的生态环境监测体系，是及时、准确、全面获取环境监测数据，客观反映环境质量状况和变化趋势，及时跟踪污染源变化情况，准确预警各类潜在环境问题，及时响应突发环境事件的重要保障。

至2010年，中国共建立2587个环境监测站，形成了由中国环境监测总站、省级环境监测站、地市级环境监测站及区县级环境监测站组成的四级环境监测机构，初步建成了覆盖全国的国家环境监测网，实现对环境空气、地表水、噪声、固定污染源、生态、固体废物、土壤、生物、核与辐射等多种环境要素的全面监测。但与之对应的环境监测法规制度与技术体系尚需完善，环境监测整体能力还不适应新时期环境管理的需要，包括生态、生物、土壤、电磁波、放射性、核与辐射、环境振动、热污染、光污染等环境监测领域能力尚需进一步加强，部分地方环境监测点位布局不合理，环境监测范围、内容尚不足以全面反映环境质量状况，环境监测公共服务能力区域不均衡、供需不平衡，城乡之间、地区之间环境监测能力差异大。

《国家环境监测"十二五"规划》提出，"十二五"期间，要实现环境监测管理体系基本完善，环境监测行为不断规范，环境质量状况有效监督，为科学评价"十二五"环境保护工作成效奠定了基础；基本说清环境质量状况及其变化趋势、说清污染源排放状况、说清潜在的环境风险，更好地支撑环境管理需要；基本实现"市县能监测，省市能应急，国家能预警"目标，环境监测整体能力大幅增强。

"十二五"期间，国家投入大量资金全面提升环境监测能力。仅2011年，就投资近11亿元用于监测执法业务用房项目，安排环境监察能力建设资金4.14亿元，支持930多个中西部县（区）级环境监察机构标准化建设。[1]至2014年，全国338个地级及以上城市1436个监测点

---

[1] 环境保护部：《中国环境状况公报（2011）》，2012年5月25日。

位全部具备实施新空气质量标准监测能力。[1] 2015年2月，环保部发布《关于推进环境监测服务社会化的指导意见》，提出全面放开服务性环境监测市场，鼓励社会环境监测机构参与排污单位污染源自行监测、环境损害评估监测、环境影响评价现状监测、清洁生产审核、企事业单位自主调查等环境监测活动，推进环境监测服务主体多元化和服务方式多样化。

2015年至2017年，《生态环境监测网络建设方案》《关于省以下环保机构监测监察执法垂直管理制度改革试点工作的指导意见》《关于深化环境监测改革提高环境监测数据质量的意见》等文件相继发布，基本搭建起生态环境监测管理制度体系的"四梁八柱"，生态环境监测网络基本形成。但生态环境监测仍存在服务供给总体不足、支撑水平有待提高两大问题，主要原因包括统一的生态环境监测体系尚未形成、对污染防治攻坚战的精细化支撑不足、法规标准有待加快完善、数据质量需进一步提高、基础能力保障依然不足五个方面。2018年8月，生态环境部办公厅印发《生态环境监测质量监督检查三年行动计划（2018—2020年）》，针对当前服务生态环境管理的各类生态环境监测活动，提出对生态环境监测机构监测质量、排污单位自行监测质量、环境空气和地表水自动监测质量开展监督检查，重点开展对监测机构质量体系运行规范性、监测数据弄虚作假情况和各类不当干预生态环境监测行为的监督检查工作。

2019年，生态环境部发布《生态环境监测规划纲要（2020—2035年）》，强调按照长远设计、分步实施，政府主导、社会参与，明晰事权、落实责任，科技引领、驱动创新，立足国情、放眼世界等原则，科学谋划生态环境监测工作，切实提高生态环境监测现代化能力水平。

《纲要》提出：大气环境监测方面，根据复合型大气污染治理需求，构建以自动监测为主的大气环境立体综合监测体系，推动大气环境监测从质量浓度监测向机理成因监测深化，实现重点区域、重点行业、重点因子、重点时段监测全覆盖。地表水环境监测方面，根据水污染治理、

---

[1] 环境保护部：《中国环境状况公报（2014）》，2015年5月19日。

水生态修复、水资源保护"三水共治"需求，统筹流域与区域、水域与陆域、生物与环境，逐步实现水质监测向水生态监测转变。土壤环境监测方面，以保护土壤环境、支撑风险管控为核心，健全分类监测、动态调整、轮次开展、部门协同的土壤环境监测体系。海洋环境监测方面，以改善海洋生态环境质量、保障海洋生态安全为核心，构建覆盖近岸、近海、极地和大洋的海洋生态环境监测体系。地下水环境监测方面，按照统一规划、分级分类的思路，构建重点区域质量监管和"双源"（地下水型饮用水水源地和重点地下水污染源）监控相结合的全国地下水环境监测体系。由生态环境部牵头，自然资源部、水利部、农业农村部、住房和城乡建设部等部门参与，地方和企业配合，共同开展全国地下水环境监测工作，构建全国统一的监测网络、技术体系和信息平台。

《纲要》提出了生态环境监测工作目标，到2025年，科学、独立、权威、高效的生态环境监测体系基本建成，统一的生态环境监测网络基本建成，统一监测评估的工作机制基本形成，政府主导、部门协同、社会参与、公众监督的监测新格局基本形成，为污染防治攻坚战纵深推进、实现环境质量显著改善提供支撑。到2030年，生态环境监测组织管理体系进一步强化，监测、评估、调查能力进一步强化，监测自动化、智能化、立体化技术能力进一步强化并与国际接轨，监测综合保障能力进一步强化，为全面解决传统环境问题，保障环境安全与人体健康，实现生态环境质量全面改善提供支撑。到2035年，科学、独立、权威、高效的生态环境监测体系全面建成，传统环境监测向现代生态环境监测的转变全面完成，全国生态环境监测的组织领导、规划布局、制度规范、数据管理和信息发布全面统一，生态环境监测现代化能力全面提升，为山水林田湖草生态系统服务功能稳定恢复，实现环境质量根本好转和美丽中国建设目标提供支撑。

三、强化环境监管执法制度安排

中国强化环境监管执法制度安排，全面加强环境监管执法，严惩环境违法行为，加快解决突出环境问题，着力推进环境质量改善。

2014年，国务院办公厅印发《关于加强环境监管执法的通知》，从五个方面加强环境监管执法，包括：（1）完善环境监管法律法规，落实属地责任，全面排查整改各类污染环境、破坏生态和环境隐患问题，不留监管死角、不存执法盲区，向污染宣战；（2）坚决纠正执法不到位、整改不到位问题。坚持重典治乱，铁拳铁规治污，采取综合手段，始终保持严厉打击环境违法的高压态势；（3）坚决纠正不作为、乱作为问题。健全执法责任制，规范行政裁量权，强化对监管执法行为的约束；（4）有效解决职责不清、责任不明和地方保护问题。切实落实政府、部门、企业和个人等各方面的责任，充分发挥社会监督作用；（5）加快解决环境监管执法队伍基础差、能力弱等问题。加强环境监察队伍和能力建设，为推进环境监管执法工作提供有力支撑。

同年，环保部对25个城市开展环境综合督查，公开约谈6个城市政府主要负责人。各地查处违法企业10万余家次，挂牌督办案件2177件，罚款达20多亿元。各地环保部门向公安机关移送涉嫌环境违法犯罪案件2180件，是过去10年总和的2倍。同时，在建立和完善运用中央生态环保督察制度方面，推动中央生态环保督察工作不断向纵深发展。2017年，实现第一轮中央环境保护督察全覆盖，督察进驻期间共问责党政领导干部1.8万多人，受理群众环境举报13.5万件，直接推动解决群众身边的环境问题8万多项。2018年，生态环境部出台《关于进一步强化生态环境保护监管执法的意见》，分两批对河北等20个省份开展中央生态环境保护督察"回头看"，公开通报103个典型案例，同步移交122个生态环境损害责任追究问题，进一步压实地方党委和政府及有关部门生态环境保护责任，进一步加大重视程度和推进力度，推动解决7万多件群众身边的环境问题，推动解决一大批长期难以解决的流域性、区域性突出环境问题。[1]

---

[1] 参见环境保护部：《中国环境保护公报（2014）》，2015年5月19日，生态环境部：《中国生态环境保护公报（2017）》，2018年5月22日；《中国生态环境保护公报（2018）》，2019年5月22日。

2017年，环境保护部等七部门组织开展"绿盾2017"国家级自然保护区监督检查专项行动，取得阶段性成效，是中国建立自然保护区以来，检查范围最广、查处问题最多、整改力度最大、追责问责最严的一次专项行动。至2017年底，共调查处理涉及446处国家级自然保护区的问题线索2.08万个，关停取缔违法企业2460多家，强制拆除违法建筑设施590多万平方米；追责问责1100多人，包括厅级干部60人、处级干部240人。[1] 2018年，生态环境部、自然资源部、水利部等七部门联合部署"绿盾2018"自然保护区监督检查专项行动。《"十四五"生态保护监管规划》指出将持续开展"绿盾"自然保护地强化监督专项行动。在国家级自然保护区强化监督的基础上，逐步扩大监督检查范围和深度，突出对国家级自然保护区以及长江经济带、黄河流域、秦岭、青藏高原等重要生态屏障区域的各级各类自然保护地监督，逐步将国家公园、自然公园纳入监督范围，压实地方党委、政府和有关部门的主体责任，遏制自然保护地内的各类违法违规行为。

"十三五"时期，各级生态环境执法队伍全面推进生态环境保护综合行政执法改革，推动生态环境执法工作融入主战场，开创了新局面。生态环境监督执法体系构建迈上新台阶。

推动生态环境法律法规落地见效取得新成绩。全国实施环境行政处罚案件83.3万件，罚款金额536.1亿元，分别较"十二五"期间增长1.4倍和3.1倍。环保部等相关部门印发《环境保护行政执法与刑事司法衔接工作办法》，组织开展严厉打击危险废物环境违法犯罪行为活动，畅通"两法"衔接，切实形成执法合力。打好污染防治攻坚战标志性战役收获新成效。持续开展大气重点区域监督帮扶，累计检查企业（点位）210万个，帮助地方发现问题27.2万个，推动完成6.2万家涉气"散乱污"企业清理整顿；持续开展集中式饮用水水源地环境保护专项行动，完成全国2804个水源地10363个问题整治，累计取缔涉及水源保护区的违法排污口6402个，搬迁治理工业企业1531家；强力推进垃圾焚烧

---

[1]《把保护区真正保护起来》，《人民日报》2018年4月14日。

整治、"清废行动"及"洋垃圾专项行动"，推动556家垃圾焚烧发电厂、1302台焚烧炉实现"装、树、联"，基本实现稳定达标排放。

"十三五"期间，中国建成符合国情的生态环境监测网络，基本实现环境质量、生态质量、重点污染源监测全覆盖，并与国际接轨。建成1946个国家地表水水质自动监测站，组建全国大气颗粒物组分和光化学监测网，布设38880个国家土壤环境监测点位并完成一轮监测。实施环境卫星和生态保护红线监管平台建设，遥感监测能力不断增强。推进国家和地方监测数据联网，陆海统筹、天地一体、上下协同、信息共享能力明显增强。基本完成省以下环保监测机构垂直管理改革，全面完成国家和省级环境质量监测事权上收，建立"谁考核、谁监测"的全新运行机制，环境质量监测独立性、权威性、有效性显著提升。健全统一监测评估制度，推进海洋、地下水、水功能区等监测业务转隶与融合，印发面向美丽中国的生态环境监测中长期规划纲要。建立排污单位污染源自行监测制度和执法监测制度，持续推进生态环境监测服务社会化，政府、企业、社会多元参与的监测格局基本形成。贯彻落实《关于深化环境监测改革提高环境监测数据质量的意见》，以规范的科学方法"保真"，累计发布监测标准1200余项，联合市场监管部门出台生态环境监测机构资质认定评审补充要求，建立量值溯源体系，指导监测机构采取有效措施保证数据准确。以严格的质控手段监管，联合实施监测质量监督检查三年行动，通过"例行+双随机"等多种形式，检查国家和地方监测站点约6.2万个、监测机构8000余家，及时纠正不规范监测行为。以严厉的惩戒措施"打假"，建立健全监测数据质量保障责任体系，将环境监测弄虚作假列入刑法，会同公安机关严肃查处120余起典型案件，保持打击数据造假的高压态势。深入开展空气、水、土壤、海洋、声、生态、污染源等监测工作，完善基于监测数据的生态环境质量评价排名制度，作为环境质量目标责任考核的直接依据和重要抓手。建立环境质量预测预报、环境污染成因解析、环境风险预警评估等监测业务和技术体系，为环境治理提供支持引导。开展重点生态功能区县域生态环境质量监测与评价，支撑重点生态功能区转移支付，成为践行绿水青山就是金山银山理念的生动实践。多手段多渠道公开各类生态环境监测信息，公众满意度普遍上升。

强化推动执法队伍建设，"十三五"期间连续开展"全年、全员、全过程"执法大练兵活动，培训人员近12万人次，实现执法人员岗位培训全覆盖。建成以移动执法系统为基础的生态环境监管执法平台，整合收录130万家污染源和4.3万名执法人员基础信息，初步实现执法工作和执法人员数字化管理。2020年，生态环境部发布《生态环境保护综合行政执法事项指导目录（2020年版）》，初步建立起权责明确、边界清晰的生态环境保护综合行政执法体制，协同推进生态环境保护综合行政执法与环保垂直管理改革，推动生态环境执法队伍正式列入国家综合行政执法序列，整合组建生态环境保护综合行政执法队伍。

2022年3月，生态环境部印发《"十四五"生态保护监管规划》，明确了"十四五"生态保护监管的重点任务，这是中国首次制定生态保护的监管规划。其中提出：到2025年，建立较为完善的生态保护监管政策制度和法规标准体系，初步建立全国生态监测监督评估网络，对重点区域开展常态化遥感监测，生态保护修复监督评估制度进一步健全，自然保护地、生态保护红线监管能力和生物多样性保护水平进一步提高，"绿盾"自然保护地强化监督专项行动范围实现全覆盖，自然保护地不合理开发活动基本得到遏制；国家生态保护红线监管平台上线运行，实现国家和地方互联互通；"53111"生态保护监管体系初见成效，基本形成与生态保护修复监管相匹配的指导、协调和监督体系，生态系统质量和稳定性得到提升，生态文明示范建设在引领区域生态环境保护和高质量发展中发挥更大作用。

中国大力推进生态文明建设和生态环境保护工作，中央生态环境保护督察和"绿盾"自然保护地强化监督持续保持高压态势，有效遏制了生态环境恶化趋势。生态保护监管政策制度不断完善，生态保护红线、自然保护地、生物多样性保护、生态文明示范建设等相关标准规范和试点陆续实施，生态保护监管技术手段不断更新，生态状况定期调查评估制度基本建立，国家生态保护红线监管平台实现上线试运行，中国生态保护监管格局初步建立。

第七节　完善生态环境保护法律制度

习近平总书记指出："只有实行最严格的制度、最严密的法治，才能为生态文明建设提供可靠保障。"[1]推进生态环境法治建设是完善生态环境治理体系、提升生态环境治理能力的重要支撑。党的十八届四中全会指出，用严格的法律制度保护生态环境。[2]《"十三五"生态环境保护规划》明确提出"依靠法律和制度加强生态环境保护，实现源头严防、过程严管、后果严惩"。

一、完成环境保护法全面修订

2014年，十二届全国人大常委会第八次会议修订通过《中华人民共和国环境保护法》，并决定于2015年1月1日正式实施。此次环境保护法修订基于1989年《中华人民共和国环境保护法》内容，自2011年启动以来，经过全国人大常委会四次审议、修改草案两次向全社会征求意见，历时三年最终完成，被称为"史上最严厉"的环保法。[3]环境保护法强调保护环境是国家的基本国策，明确坚持保护优先、预防为主、综合治理、公众参与、损害担责的基本原则，并做出多种制度安排。

污染治理方面，实施重点污染物排放总量控制制度，重点污染物排放总量控制指标由国务院下达，省、自治区、直辖市人民政府分解落实，各级政府需要完成落实到本单位的控制指标。环境监测方面，要求各级政府根据国民经济和社会发展情况编制环境保护规划，提出统一规划国家环境质量检测站（点）的设置，建立监测数据共享机制。环境管

---

[1]《习近平关于全面深化改革论述摘编》，中央文献出版社2014年版，第104页。
[2]《中国共产党第十八届中央委员会第四次全体会议文件汇编》，人民出版社2014年版，第34页。
[3]《建设绿水青山的美丽中国——如何坚持绿色发展》，《人民日报》2016年2月2日。

理方面，打破区域壁垒，建立跨行政区域的重点区域、流域环境污染和生态破坏联合防治协调机制，实行统一规划、统一标准、统一监测、统一的防治措施；建立和健全生态保护补偿制度。引导环境保护方面，政府依法采用财政、税收、价格、政府采购等政策鼓励和引导企事业单位在法定基础上进一步减少污染物排放。政府官员约束层面，国家实行环境保护目标责任制和考核评价制度，县级以上政府要将环境保护目标完成情况纳入对本级人民政府负有环境保护监督管理职责的部门及其负责人和下级人民政府及其负责人的考核内容，作为对其考核评价的重要依据；对于特殊区域采取相应保护办法，在重点生态功能区、生态敏感区和脆弱区等区域划定生态保护红线，实行严格保护。强调对农村地区和农业部门采取具有针对性的举措。强化环境保护宣传教育方面，将每年6月5日设定为环境保护日，强调社会个体或群体可依法获取环境信息、参与和监督环境。

环境保护法的修订完善了生态环境法治体系，确保了国家有关环境保护的规章制度能够有效执行，明确了各级政府、企事业单位以及个人履行环境保护的责任、义务与权利，为社会生产和经济的可持续发展提供法律保障。

二、制定生态环境保护新法律

党的十八届三中全会要求"实行最严格的源头保护制度、损害赔偿制度、责任追究制度"，"对造成生态环境损害的责任者严格实行赔偿制度，依法追究刑事责任。"[1]针对经济发展的需要和生态环境保护的新要求，中国制定核安全法、土壤污染防治法、长江保护法等一系列新法律，不断完善生态环境保护法律体系。

核污染防治方面。2017年，十二届全国人大常委会第二十九次会议审议通过《中华人民共和国核安全法》。该法加强了国家核安全的顶层设计，建立核安全工作协调机制，明确核设施营运单位对核安全负全

---

[1]《中共中央关于全面深化改革若干重大问题的决定》，人民出版社2013年版，第52、54页。

面责任，为核设施营运单位提供设备、工程以及服务等的单位应当负相应责任，由核工业主管部门、能源主管部门和其他有关部门在各自职责范围内负责有关的核安全管理工作，由核安全监督管理部门负责核安全的监督管理，增加了信息公开和公众参与等新内容，建立核损害赔偿制度。

土壤污染防治方面。2018年，十三届全国人大常委会第五次会议通过中国首部规范防治土壤污染的专门法律——《中华人民共和国土壤污染防治法》。该法坚持预防为主、保护优先、分类管理、风险管控、污染担责、公众参与的原则，强调任何组织和个人都有保护土壤、防止土壤污染的义务，界定政府在土壤污染防治方面的监督管理职责，明确土地污染责任人，建立土壤污染防治基金制度，形成政府土壤防治工作监督机制，全面加强土壤污染防治工作。

流域保护方面。2020年，十三届全国人大常委会第二十四次会议通过中国首部有关流域保护的专门法律《中华人民共和国长江保护法》，加强长江流域的生态环境保护和修复，促进长江流域资源合理高效利用，保障长江流域生态安全，防范和纠正各种影响长江流域生态环境的行为。

税法方面。2018年，《中华人民共和国环境保护税法》正式施行，在全国范围对大气污染物、水污染物、固体废物和噪声等4大类污染物进行征税，不再征收排污费。2020年9月，《中华人民共和国资源税法》正式施行，提出对开发包括原油、天然气等在内的能源矿产，黑色金属、有色金属等在内的金属矿产，矿物类、岩石类等在内的非金属矿产，二氧化碳气、矿泉水等在内的水气矿产，钠盐、天然卤水等在内的盐等资源的单位和个人征收资源税。

三、完善相关生态环境保护法律

2018年10月，十三届全国人大常委会第六次会议通过《关于修改〈中华人民共和国野生动物保护法〉等十五部法律的决定》，对野生动物保护法、大气污染防治法、节约能源法、防沙治沙法等涉及生态环境保护的法律进行调整修改。12月，十三届全国人大常委会第七次会议通过《关于修改〈中华人民共和国劳动法〉等七部法律的决定》，对环境噪声污染防治法和环境影响评价法等涉及生态环境保护的法律进行修改。这一年，新修订的《中华人民共和国水污染防治法》全面实施。2019年6月，十三届全国人大常委会第十七次会议第二次修订《固体废物污染环境防治法（修订草案）》。

相关法律条文的修订明确了生态环境主管部门、生态环境标准以及涉及生态环境保护的相关责任，在各种法律中将"环境保护主管部门"修改为"生态环境主管部门"。修订的环境噪声污染防治法将"经原审批环境影响报告书的环境保护行政主管部门验收"修改为"按照国家规定的标准和程序进行验收"。修订的环境影响评价法强调编制建设项目环境影响报告书、环境影响报告表应当遵守国家有关环境影响评价标准、技术规范等规定，同时规定建设单位应当对建设项目环境影响报告书、环境影响报告表的内容和结论负责，接受委托编制建设项目环境影响报告书、环境影响报告表的技术单位对其编制的建设项目环境影响报告书、环境影响报告表承担相应责任。要求设区的市级以上人民政府生态环境主管部门加强对建设项目环境影响报告书、环境影响报告表编制单位的监督管理和质量考核。

党的十八大以来，在习近平生态文明思想引领下，生态环境领域立法工作取得显著成效，中国完成对环境保护法、大气污染防治法、土壤污染防治法、核安全法、固体废物污染环境防治法、长江保护法等13部法律的制定审议，以及城镇排水与污水处理条例、畜禽规模养殖污染防治条例、排污许可管理条例等17部行政法规的制修订，生态环境保护的相关法律达到31件，并配套拥有100多件行政法规和1000余件地方性法规。这一法律体系包括环境保护法、生物安全法等综合性法律，针对大气、水、土壤、固体废物、噪声、放射性等污染防治的专门法律，涉及防沙治沙、水土保持、野生动物保护等环境和生物多样性保护的法律，森林、草原、湿地等资源保护利用的法律，长江保护法和正在审议的黄河保护法草案等流域性生态环保法律，正在审议的黑土地保护法草案和拟启动制定的青藏高原生态保护法等特殊地理地域类法律，涵盖山水林田湖草沙等各类自然系统，形成一个覆盖全面、务实管用、严格严密的法律体系。

第四章　加大生态保护与修复力度

习近平总书记指出,"要开展生态保护和修复,强化环境建设和治理"[1]。《国家环境保护"十二五"规划》《"十三五"生态环境保护规划》都将加强生态保护与修复作为生态环境保护的重要内容。党的十八大以来,中国坚定践行"像保护眼睛一样保护生态环境,像对待生命一样对待生态环境"理念,坚持山水林田湖草沙一体化保护和系统治理,加大生态保护与修复力度,建立以国家公园为主体的自然保护地体系,强化自然保护区建设,加强生物多样性保护,全方位做好生态环境治理与督查,持续开展大规模国土绿化行动,各项工作取得显著成效,生态恶化趋势基本得到遏制,自然生态系统总体稳定向好。

---

[1]《习近平总书记江西考察并主持召开座谈会微镜头》,《人民日报》2019年5月23日。

第一节　建立以国家公园为主体的自然保护地体系

国家公园是指由国家批准建立，以保护具有国家代表性的自然生态系统为主要目的，实现自然资源科学保护和合理利用的特定陆域或海域。国家公园是自然保护地的最重要类型之一，属于主体功能区规划中的禁止开发区域，被纳入全国生态保护红线区域管控范围，实行最严格的保护。与一般的自然保护地相比，国家公园的自然生态系统和自然遗产更具国家代表性和典型性，面积更大，生态系统更完整，保护更严格，管理层级更高。党的十八届三中全会将建立国家公园体制作为重点改革任务之一，党的十九大要求"构建国土空间开发保护制度，完善主体功能区配套政策，建立以国家公园为主体的自然保护地体系。"[1] 建立以国家公园为主体的自然保护地体系，是中国生态文明制度建设的重要内容，对于推进自然资源科学保护和合理利用，促进人与自然和谐共生，推进美丽中国建设，具有极其重要的意义。

一、布局新时代国家公园体制

早在20世纪50年代，中国就已启动自然保护地建设工作。1956年，中国建立了第一个自然保护区——鼎湖山自然保护区。截至2011年底，全国（不含香港特别行政区、澳门特别行政区和台湾地区）已建立各种类型、不同级别的自然保护区2640个，总面积约14971万公顷。陆域面积约14333万公顷，占国土面积的14.9%。国家级自然保护区335个，面积9315万公顷。[2]

改革开放以来，中国的自然生态系统和自然遗产保护事业快速发展，建立了包括自然保护区、风景名胜区、自然文化遗产、森林公园、

---

[1] 习近平：《决胜全面建成小康社会 夺取新时代中国特色社会主义伟大胜利》，人民出版社2017年版，第52页。

[2] 环境保护部：《中国环境状况公报（2011）》，2012年5月25日。

地质公园在内的多类型保护地，基本覆盖了国内绝大多数重要的自然生态系统和自然遗产资源。但各类自然保护地建设管理还缺乏科学完整的技术规范体系，保护对象、目标和要求还没有科学的区分标准，同一个自然保护区部门割裂、多头管理、碎片化管理现象还普遍存在，社会公益属性和公共管理职责不够明确，土地及相关资源产权不够清晰，保护管理效能不高，盲目建设和过度开发现象时有发生。

中国提出构建以国家公园为主体、自然保护区为基础、自然公园为补充的中国特色自然保护地体系。《关于加快推进生态文明建设的意见》对国家公园做出了清晰定位，强调建立国家公园体制，实行分级、统一管理，保护自然生态和自然文化遗产原真性、完整性。《生态文明体制改革总体方案》中对建立国家公园体制提出具体要求，强调加强对重要生态系统的保护和利用，改革各部门分头设置自然保护区、风景名胜区、文化自然遗产、森林公园、地质公园等的体制，保护自然生态系统和自然文化遗产原真性、完整性，明确了国家公园体制建设的内容和目标。

《"十三五"生态环境保护规划》提出要整合设立一批国家公园，加强对国家公园试点的指导，在试点基础上研究制定建立国家公园体制总体方案。合理界定国家公园范围，整合完善分类科学、保护有力的自然保护地体系，更好地保护自然生态和自然文化遗产原真性、完整性。2015年5月，国务院批转发展改革委《关于2015年深化经济体制改革重点工作的意见》，其中提出在9个省份开展国家公园体制试点。国家发改委等多个部门联合印发《建立国家公园体制试点方案》，拟在北京、吉林、黑龙江、浙江、福建、湖北、湖南、云南、青海开展建立国家公园体制试点工作。在总结试点经验、借鉴国际有益做法、立足我国国情的基础上，2017年9月，中共中央办公厅、国务院办公厅印发《建立国家公园体制总体方案》，强调构建统一规范高效的中国特色国家公园体制，建立分类科学、保护有力的自然保护地体系。《方案》提出，到2020年，国家公园体制试点建设基本完成，整合设立一批国家公园，分级统一的管理体制基本建立，国家公园总体布局初步形成。到2030年，国家公园体制更加健全，分级统一的管理体制更加完善，保护管理效能明显提高。

2018年，中共中央印发《深化党和国家机构改革方案》，其中提出组建国家林业和草原局，并加挂国家公园管理局牌子，实现对自然保护地的统一管理。2019年，中共中央办公厅、国务院办公厅印发《关于建立以国家公园为主体的自然保护地体系的指导意见》，部署建立分类科学、布局合理、保护有力、管理有效的以国家公园为主体的自然保护地体系，强调坚持严格保护、世代传承，坚持依法确权、分级管理，坚持生态为民、科学利用，坚持政府主导、多方参与以及坚持中国特色、国际接轨等原则，建成有中国特色的以国家公园为主体的自然保护地体系。同时，一批国家公园建设的配套标准相继颁发（参见表4-1）。国家公园体制试点的推进、国家公园管理局的成立，以及一批国家公园建设配套标准的颁发，标志着国家公园制度体系的基本形成。

表 4-1　国家公园体系建设指导意见及配套标准一览表

类型	相关文件	内容摘要
指导意见	关于建立以国家公园为主体的自然保护地体系的指导意见	到2025年，健全国家公园体制，完成自然保护地整合归并优化，完善自然保护地体系的法律法规、管理和监督制度，提升自然生态空间承载力，初步建成以国家公园为主体的自然保护地体系；到2035年，显著提高自然保护地管理效能和生态产品供给能力，自然保护地规模和管理达到世界先进水平，全面建成中国特色自然保护地体系。自然保护地占中国陆域国土面积的18%以上。
配套标准	国家公园设立规范	规定国家公园准入条件、认定指标、调查评价和命名规则等要求。其中，准入条件包括国家代表性、生态重要性和管理可行性等三个方面。认定指标是遴选国家公园的基础，主要指上述三个条件对应的九项指标，国家代表性包括生态系统代表性、生物物种代表性、自然景观独特性；生态重要性包括生态系统完整性、生态系统原真性、面积规模适宜性；管理可行性包括自然资源资产产权、保护管理基础、全民共享潜力。
配套标准	国家公园总体规划技术规范	规定国家公园总体规划的一般规定、现状调查与评价、范围和管控分区、总体布局、项目规划、投资估算、保障措施和效益分析等原则性、技术性要求，为国家公园总体规划的编制、审查、管理和实施评估提供了重要依据。

续表

类型	相关文件	内容摘要
配套标准	国家公园监测规范	规定国家公园监测的体系构建、内容指标、分析评价等要求,明确了监测程序和方法。国家公园监测内容包括自然资源、生态状况、科学利用和保护管理四个方面,所有监测指标均为共性指标,国家公园可根据自身实际情况和特点选择符合实际需求的个性监测指标。指导国家公园生态系统和自然文化资源的保护、修复、利用与管理活动及成效的监测和评价。
	国家公园考核评价规范	规定国家公园年度考核和阶段评价的周期、内容、指标等要求,明确年度考核和阶段评价的程序和方法,指导国家公园建设管理工作、公共服务及保护管理成效的考核评价。
	自然保护地勘界立标规范	规定自然保护地勘界立标的原则、依据、精度、程序、外业测量、内业成果分析整理、报告编写、立标等要求。指导国家公园、国家级和省级自然保护区、国家级和省级自然公园的勘界、立标工作。通过勘界和现地的界线标定,确保自然保护地的外部边界和内部分区边界均明晰,相当于明确了管理部门、社区居民及访客的管理边界与行为边界。

二、公布设立第一批国家公园

中国初步搭建起国家公园体制架构,着手稳步推进国家公园试点工作,建立了东北虎豹、祁连山、大熊猫、三江源、海南热带雨林、武夷山、神农架、普达措、钱江源、南山等10处国家公园体制试点。试点区涉及12个省份,总面积超过22万平方公里,约占中国陆域国土面积的2.3%。[1]

国家公园试点在建设过程中着力加强自然生态系统保护,统筹实施生态修复工程,抢救保护珍稀濒危物种,严厉打击破坏野生动植物资源的违法犯罪行为,取得显著成效:实现了"中华水塔"三江源头的自然生态系统整体保护修复,各试点植被覆盖度明显提高,有效保护了藏羚羊、东北虎、东北豹、海南长臂猿等最具代表性的旗舰物种。其中,藏羚羊数量由20世纪80年代的不足2万只恢复到7万多只;东北虎新增幼虎10只,种群数量达到50只以上,幼崽存活率从试点前的33%提升到目前的50%以上;东北豹新增幼豹7只,种群数量达到60只以上。海南热带雨林国家公园通过整合20个自然保护地,打通了生态廊道,

---

[1]《国家公园体制试点评估验收工作启动》,《人民日报》2020年8月15日。

解决了人为割裂、保护空缺等问题。通过人工促进修复受损天然林及受干扰次生林，雨林生态系统逐步恢复，海南长臂猿新添 2 只婴猿，种群数量达到 5 群 35 只。[1]

2021 年 10 月，国家主席习近平在《生物多样性公约》第十五次缔约方大会领导人峰会上发表主旨讲话指出，"中国正加快构建以国家公园为主体的自然保护地体系，逐步把自然生态系统最重要、自然景观最独特、自然遗产最精华、生物多样性最富集的区域纳入国家公园体系"[2]，并宣布中国正式设立三江源、大熊猫、东北虎豹、海南热带雨林、武夷山等第一批国家公园。

第一批国家公园涵盖了中国近 30% 的陆域国家重点保护野生动植物种类，充分体现中国"生态保护第一、国家代表性、全民公益性"的国家公园理念，保护了最具影响力的旗舰物种、典型自然生态系统和珍贵的自然景观、自然文化遗产，实现了重要生态区域大尺度整体保护，对建立以国家公园为主体的自然保护地体系具有重要的示范引领作用（见表 4-2）。

表 4-2 中国国家公园体制试点及首批国家公园情况一览表

名称	地址	概况
三江源国家公园	青海省	位于中国的西部，青藏高原的腹地、青海省南部，包括长江源、黄河源、澜沧江源 3 个园区。青海三江源国家公园以山原和高山峡谷地貌为主，平均海拔 4500 米以上，雪原广袤，河流、沼泽与湖泊众多。
大熊猫国家公园	四川省 甘肃省 陕西省	位于中国西部地区，由四川省岷山片区、四川省邛崃山—大相岭片区、陕西省秦岭片区、甘肃省白水江片区组成，规划面积为 2.7 万平方公里。包括核心保护区、生态修复区、科普游憩区、传统利用区 4 个功能分区，其中核心保护区覆盖现有的大熊猫自然保护区，涉及大熊猫及区内 8000 多种野生动植物。

---

[1] 关志鸥：《高质量推进国家公园建设》，《求是》2022 年第 3 期。

[2] 习近平：《共同构建地球生命共同体——在生物多样性公约第十五次缔约方大会领导人峰会上的主旨讲话》，《人民日报》2021 年 10 月 13 日。

续表

名称	地址	概况
东北虎豹国家公园	吉林省 黑龙江省	是中国东北虎、东北豹种群数量较多、活动较为频繁、较重要的定居和繁育区域，也是重要的野生动植物分布区和北半球温带区生物多样性较为丰富的地区之一。公园总面积1.46万平方公里，分布有种子植物884种，有野生脊椎动物355多种。
海南热带雨林国家公园	海南省	拥有中国分布最集中、类型最多样、保存最完好、连片面积最大的大陆性岛屿型热带雨林和众多海南特有的动植物种类，是海南长臂猿的全球唯一分布地，也是热带生物多样性的宝库，区划总面积4269平方公里。
武夷山国家公园	福建省	是世界文化与自然双遗产地，涵盖武夷山国家自然保护区、武夷山国家风景名胜区和九曲溪上游保护地带3个区域，规划总面积1001.41平方公里。拥有同纬度保存最完整、最典型、面积最大的中亚热带森林生态系统，以及特色丹霞地貌景观和丰富的历史文化遗产，是全球生物多样性保护的关键地区。
神农架国家公园	湖北省	位于神农架林区，面积为1170平方公里。有珙桐、红豆杉等国家重点保护野生植物36种，金丝猴、金雕等国家重点保护野生动物75种。
钱江源国家公园	浙江省	包括古田山国家级自然保护区、钱江源国家森林公园、钱江源省级风景名胜区，总面积252平方公里，拥有全球稀有的大面积低海拔原生常绿阔叶林地带性植被，是中国特有的世界珍稀濒危物种、国家一级重点保护野生动物白颈长尾雉、黑麂的主要栖息地。
南山国家公园	湖南省	整合了原南山国家级风景名胜区、金童山国家级自然保护区、两江峡谷国家森林公园、白云湖国家湿地公园4个国家级保护地，总面积635.94平方公里。公园内生物多样性非常丰富，还是重要的鸟类迁徙通道。
普达措国家公园	云南省	由碧塔海自然保护区和"三江并流"世界自然遗产哈巴片区之属都湖景区两部分构成，总面积1313平方公里。拥有集寒温性原始暗针叶林植被、亚高山草甸、沼泽草甸及高原湖泊植被为一体的内陆高原生态系统，地质地貌、湖泊湿地、森林草甸、河谷溪流、珍稀动植物等生态资源保存完好。
祁连山国家公园	青海省 甘肃省	园区面积约5万平方公里。祁连山是中国西部的重要生态安全屏障，是中国生物多样性保护优先区域、世界高寒种质资源库和野生动物迁徙的重要廊道，还是雪豹、白唇鹿等珍稀野生动植物的重要栖息地和分布区。

三、打造国家公园典范——三江源

2019年8月,国家主席习近平在致第一届国家公园论坛的贺信中指出:"生态文明建设对人类文明发展进步具有十分重大的意义。近年来,中国坚持绿水青山就是金山银山的理念,坚持山水林田湖草系统治理,实行了国家公园体制。三江源国家公园就是中国第一个国家公园体制试点。中国实行国家公园体制,目的是保持自然生态系统的原真性和完整性,保护生物多样性,保护生态安全屏障,给子孙后代留下珍贵的自然资产。这是中国推进自然生态保护、建设美丽中国、促进人与自然和谐共生的一项重要举措。"[1]

三江源位于青海南部,分布着1.6万个大小湖泊,湖水总面积达2354.25平方公里,湿地面积7.33万平方公里。平均海拔4000米以上,雪山、冰川近2400平方公里,冰川资源蕴藏量达2000亿立方米。三江源拥有独特而典型的高寒生态系统,其核心区可可西里是我国面积最大的世界自然遗产地,也是全国32个生物多样性优先区之一,分布有种子植物832种,野生维管束植物2200余种,野生陆生脊椎动物270种,国家重点保护野生动物69种,素有"高寒生物种质资源库"之称。三江源在水源涵养、蓄洪防旱、气候调节、维持生物多样性等方面发挥着不可替代的作用,是我国重要的淡水资源补给地。特殊的地理位置、丰富的自然资源、重要的生态功能使三江源成为我国重要的生态安全屏障。

三江源地区的生态保护长期以来面临诸多问题,主要包括:(1)区域生态环境整体退化的趋势尚未根本遏制,草地退化、土地沙化荒漠化、水土流失、冰雪消融等问题依然十分突出,实现整体恢复、全面好转、生态健康、功能稳定的生态保护修复目标依然任重道远。(2)体制机制破解艰难。生态保护多头管理、政出多门的问题依然严重,各种保

---

[1]《为携手创造世界生态文明美好未来 推动构建人类命运共同体作出贡献》,《人民日报》2019年8月20日。

护地类型重复设置，涉及国土、农牧、林业、环保、水利、旅游等多个部门，政策法规和标准体系庞杂交叉甚至矛盾，在管理上相互制约、相互影响，且现行法律法规在一定程度上不适应国家公园建设与管理的需要。（3）经济社会基础薄弱。三江源地区经济社会欠发达，地方财政收入以中央财政转移支付为主。地区四县共有从事牧业的人口12.8万，其中贫困人口3.9万。国家公园内有人口6.4万，其中包括贫困人口2.4万。[1]地区四县均为国家扶贫开发工作重点县，传统畜牧业为其主体产业，基础设施和公共服务能力落后，扶贫攻坚任务十分繁重。

党中央、国务院高度重视三江源地区的生态保护工作。2015年12月，中共中央全面深化改革领导小组第十九次会议通过《中国三江源国家公园体制试点方案》，2016年3月，中共中央办公厅、国务院办公厅印发《三江源国家公园体制试点方案》，全面部署三江源国家公园体制试点工作。规划试点区涉及6类15个保护地，总体格局为"一园三区"，总面积12.31万平方公里，占三江源整体区域面积的31.16%。试点区包括果洛藏族自治州玛多县和玉树藏族自治州杂多、治多、曲麻莱3县以及青海可可西里国家级自然保护区管理局管辖区域，共涉及12个乡镇53个村17211户牧民共61588人，其中贫困人口2.4万。2016年6月，三江源国家公园管理局正式挂牌，长江源、黄河源、澜沧江源三个园区管委会（管理处）一并成立，将原来分散在林业、国土、环保、水利、农牧等部门的生态保护管理职责划归到三江源国家公园管理局和三个园区管委会，实现集中统一高效的保护管理和综合执法，从根本上解决政出多门、职能交叉、职责分割的管理体制弊端。2017年，青海省人大常委会通过并颁布《三江源国家公园条例（试行）》，规范三江源国家公园的保护、建设和管理活动。

2018年1月，国家发改委正式印发《三江源国家公园总体规划》，全面推进三江源国家公园建设。《规划》提出遵循生态系统整体保护、系统修复理念，以一级功能分区明确空间管控目标，以二级功能分区落

---

[1]《三江源国家公园总体规划》，国家发改委网站，2018年1月17日。

实管控措施。一级功能区按照生态系统功能、保护目标将各园区划分为核心保育区、生态保育修复区、传统利用区,实行差别化管控策略,实现生态、生产、生活空间的科学合理布局和可持续利用;在专项规划中开展二级功能分区,制定更有针对性的管控和保育措施。该规划系统全面勾画了三江源国家公园建设的阶段性目标和各方面要求(各项指标变化情况参见表4-3),标志着三江源国家公园建设步入全面推进阶段。2021年9月,国务院批复同意设立三江源国家公园。

表4-3 2015—2035年三江源国家公园各项规划指标变化情况

	2015年	2017年	2020年	2025年	2035年
草原保护	高寒草原植被覆盖度45%—55%;高寒草甸植被覆盖度50%—70%	高寒草原提高2%—3%;高寒草甸提高5%	高寒草原提高2%—3%;高寒草甸提高5%	高寒草原提高2%—3%;高寒草甸提高5%	保持稳定并有所提高
河湖和湿地保护	河湖水域岸线和湿地面积总体稳定	河湖水域岸线和湿地面积总体稳定	功能增强	功能持续增强	功能持续增强
森林灌丛保护	本底	林地保有量不降低	林地保有量有所提高	林地保有量逐年提高	林地保有量逐年提高
荒漠保护	扩大趋势初步遏制	扩大趋势初步遏制	荒漠面积得到控制	荒漠面积得到控制	荒漠面积得到控制
野生动物种群和数量变化	本底	提高10%	提高20%	逐年提高	种群稳定平衡
草原载畜	草畜基本平衡	草畜基本平衡	草畜平衡	草畜平衡	草畜平衡
生活垃圾无害化处理率(%)	54.3	65	100	100	100
长江水质	Ⅰ—Ⅱ类	Ⅰ—Ⅱ类	Ⅰ—Ⅱ类	Ⅰ—Ⅱ类	Ⅰ类
黄河水质	Ⅱ类	Ⅱ类	Ⅱ类	Ⅰ—Ⅱ类	Ⅰ—Ⅱ类
澜沧江水质	Ⅰ类	Ⅰ类	Ⅰ类	Ⅰ类	Ⅰ类
人口	6.46万人	不增加	有所下降	有所下降	维持稳定

续表

	2015年	2017年	2020年	2025年	2035年
牧民人均纯收入（元）	5876	7500	10500	14000	25000
转产转业劳动力人口比例（%）	25	35	50	55	70
生态保护占政绩考核比重（%）	30	70	85	87	90
政务信息公开率（%）	70	75	85	100	100
宣传教育普及率（%）	70	75	85	100	100
党政干部培训比例（%）	80	85	100	100	100
牧民培训比例（%）	50	60	80	100	100
公益岗位培训比例（%）	80	85	100	100	100

第二节　强化自然保护区建设

习近平总书记指出，"要加快构建以国家公园为主体的自然保护地体系，完善自然保护地、生态保护红线监管制度。要建立健全生态产品价值实现机制，让保护修复生态环境获得合理回报，让破坏生态环境付出相应代价。"[1]中国坚持生态优先，推进划定并严守生态保护红线，强化多类型自然保护区建设，加强对自然保护区开发监督管理，不断强化

---

〔1〕习近平：《论把握新发展阶段、贯彻新发展理念、构建新发展格局》，中央文献出版社2021年版，第541页。

自然区保护，推动美丽中国建设。

一、划定生态保护红线

习近平总书记强调，"在生态保护红线方面，要建立严格的管控体系，实现一条红线管控重要生态空间，确保生态功能不降低、面积不减少、性质不改变。"[1]生态保护红线是指依法在重点生态功能区、生态环境敏感区和脆弱区等区域划定的严格管控边界，是国家和区域生态安全的底线。生态保护红线所包围的区域为生态保护红线区，对维护生态安全格局、保障生态系统功能、支撑经济社会可持续发展具有重要作用（划定技术流程参见图4-1）。

生态保护红线划定原则包括强制性原则、合理性原则、协调性原则、可行性原则、动态性原则五点。强制性原则是指，根据环境保护法规定，在事关国家和区域生态安全的重点生态功能区、生态环境敏感区和脆弱区以及其他重要的生态区域内，划定生态保护红线，实施严格保护。合理性原则是指，生态保护红线划定应在科学评估识别关键区域的基础上，结合地方实际与管理可行性，合理确定国家生态保护红线方案。协调性原则是指，生态保护红线划定应与主体功能区规划、生态功能区划、土地利用总体规划、城乡规划等区划、规划相协调，共同形成合力，增强生态保护效果。可行性原则是指，生态保护红线划定与经济社会发展需求和当前监管能力相适应，预留适当的发展空间和环境容量空间，切合实际确定生态保护红线面积规模并落到实地。动态性原则是指，生态保护红线面积可随生产力提高、生态保护能力增强逐步优化调整，不断增加生态保护红线范围。

党的十八届三中全会明确提出"划定生态保护红线"。《关于加快推进生态文明建设的意见》要求"严守资源环境生态红线"，强调要树立底线思维，设定并严守资源消耗上限、环境质量底线、生态保护红

---

[1] 习近平：《论把握新发展阶段、贯彻新发展理念、构建新发展格局》，中央文献出版社2021年版，第256页。

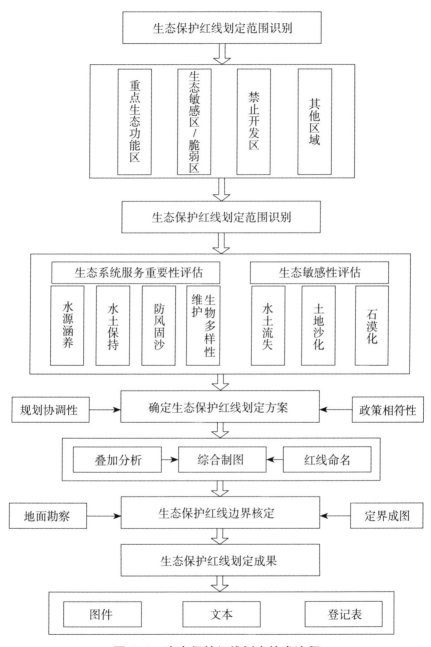

图 4-1　生态保护红线划定技术流程

线，将各类开发活动限制在资源环境承载能力之内。《生态文明体制改革总体方案》强调"将用途管制扩大到所有自然生态空间，划定并严守生态红线，严禁任意改变用途，防止不合理开发建设活动对生态红线的破坏。"

2015年，环境保护部印发《生态保护红线划定技术指南》，在全国31个省（区、市）开展生态保护红线划定工作。《"十三五"生态环境保护规划》和2017年中共中央办公厅、国务院办公厅印发的《关于划定并严守生态保护红线的若干意见》明确提出，2017年底前，京津冀区域、长江经济带沿线各省（市）划定生态保护红线；2018年底前，其他省（区、市）划定生态保护红线；2020年底前，全面完成全国生态保护红线划定、勘界定标，基本建立生态保护红线制度。2019年，生态环境部、自然资源部制定《生态保护红线勘界定标技术规程》，要求各地按照国务院批准生态保护红线划定方案启动勘界定标，并于2020年底前全面完成。至2021年底，全国31个省份的生态保护红线方案已上报国务院。生态保护红线的划定，有助于进一步优化和保护国土空间，推动国家生态文明建设格局建设更加完善。

二、强化各类型自然保护区建设

中国幅员辽阔，自然环境复杂多样，拥有森林、荒漠、湿地、草原等多种生态资源，构成了相对复杂的生态环境系统。《国家环境保护"十二五"规划》提出"提升自然保护区建设与监管水平"，其中包括：开展自然保护区基础调查与评估，统筹完善全国自然保护区发展规划。加强自然保护区建设和管理，严格控制自然保护区范围和功能分区的调整，严格限制涉及自然保护区的开发建设活动，规范自然保护区内土地和海域管理。加强国家级自然保护区规范化建设，优化自然保护区空间结构和布局，重点加强西南高山峡谷区、中南西部山地丘陵区、近岸海域等区域和河流水生生态系统自然保护区建设力度，抢救性保护中东部地区人类活动稠密区域残存的自然生境。到2015年，陆地自然保护区面积占中国陆域国土面积的比重稳定在15%。

"十二五"期间，中国建成自然保护区2740个，占陆域国土面积14.8%，超过90%的陆地自然生态系统类型、89%的国家重点保护野生动植物种类以及大多数重要自然遗迹在自然保护区内得到保护，大熊猫、东北虎、朱鹮、藏羚羊、扬子鳄等部分珍稀濒危物种野外种群数量稳中有升。荒漠化和沙化状况连续三个监测周期实现面积"双缩减"。

《"十三五"生态环境保护规划》提出"优先加强自然保护区建设与管理"。具体包括：优化自然保护区布局，将重要河湖、海洋、草原生态系统及水生生物、自然遗迹、极小种群野生植物和极度濒危野生动物的保护空缺作为新建自然保护区重点，建设自然保护区群和保护小区，全面提高自然保护区管理系统化、精细化、信息化水平。建立全国自然保护区"天地一体化"动态监测体系，利用遥感等手段开展监测，国家级自然保护区每年监测两次，省级自然保护区每年监测一次。定期组织自然保护区专项执法检查，严肃查处违法违规活动，加强问责监督。加强自然保护区综合科学考察、基础调查和管理评估。积极推进全国自然保护区范围界限核准和勘界立标工作，开展自然保护区土地确权和用途管制，有步骤地对居住在自然保护区核心区和缓冲区的居民实施生态移民。到2020年，全国自然保护区陆地面积占中国陆域国土面积的比例稳定在15%左右，国家重点保护野生动植物种类和典型生态系统类型得到保护的占90%以上。

大力推进各类自然保护区建设，全国已建立国家级自然保护区474处，总面积约98.34万平方公里。国家级风景名胜区244处，总面积约10.66万平方公里。国家地质公园281处，总面积约4.63万平方公里。国家海洋公园67处，总面积约0.737万平方公里。[1]自然保护区的设立和持续建设为维护生物多样性、筑牢国家生态安全屏障打下了坚实基础。

湿地被誉为"地球之肾"和"物种基因库"，中国高度重视湿地保护。"十二五"期间，全国受保护的湿地面积增加525.94万公顷，自然

---

[1] 生态环境部：《中国生态环境状况公报（2020）》，2021年5月24日。

湿地保护率提高到46.8%。《"十三五"生态环境保护规划》提出保护湿地生态系统，开展湿地生态效益补偿试点、退耕还湿试点。在国际和国家重要湿地、湿地自然保护区、国家湿地公园，实施湿地保护与修复工程，逐步恢复湿地生态功能，扩大湿地面积。2016年，国务院办公厅印发《湿地保护修复制度方案》，实行湿地面积总量管控，提出到2020年，全国湿地面积不低于8亿亩，其中，自然湿地面积不低于7亿亩，新增湿地面积300万亩，湿地保护率提高到50%以上。2021年，十三届全国人大常委会第三十二次会议表决通过《中华人民共和国湿地保护法》，推动构建湿地保护法律体系。

"十三五"期间，中国统筹推进湿地保护与修复，安排中央投资98.7亿元，其中中央预算内投资15亿元，实施湿地保护与恢复项目53个；安排中央财政湿地补助83.7亿元，实施湿地生态效益补偿补助、退耕还湿、湿地保护与恢复补助项目2000余个，新增湿地面积20.26万公顷。全国湿地保护率达到50%以上，新增国家湿地公园201处，截至2020年国家湿地公园共899处；积极履行《湿地公约》，2018年中国提交的有关小微湿地保护决议草案成为公约决议，提名的6个城市获得全球首批"国际湿地城市"称号，并成功申办《湿地公约》第14届缔约方大会；新指定国际重要湿地15处，组织开展国际重要湿地生态状况年度监测。[1]

开展大规模国土绿化行动，是建设生态文明和美丽中国的重要举措。2013年，国务院批准《全国防沙治沙规划（2011—2020年）》，强调要按照科学防治、综合防治、依法防治的方针，遵循自然规律，以构建北方绿色生态屏障为重点，以改善生态、改善民生为目标，坚持依靠人民群众、依靠科技进步、依靠深化改革，坚持预防为主、积极治理、合理利用，建立和巩固以林草植被为主体的沙区生态安全体系，力争经过10年的不懈奋斗，使我国重点沙区得到有效治理，生态状况进一步改善。《规划》在总体布局上，将我国沙化土地划分为5个类型区，即

---

[1]《中国国家林业和草原局召开2021年第一季度新闻发布会》，国新网，2021年2月2日。

干旱沙漠边缘及绿洲类型区、半干旱沙化土地类型区、高原高寒沙化土地类型区、黄淮海平原湿润半湿润沙化土地类型区和南方湿润沙化土地类型区，在此基础上又细化为 15 个类型亚区，分别确定更有针对性的主攻方向和防治措施。在建设重点上，突出沙区林草植被保护、沙化土地综合治理、发展沙区特色产业和推进综合示范区建设。《规划》强调要通过沙化土地封禁保护、沙化土地综合治理、发展特色沙产业以及加强能力建设等方式做好防沙治沙工作。《规划》提出，我国防沙治沙的目标任务是，划定沙化土地封禁保护区，加大防沙治沙重点工程建设力度，全面保护和增加林草植被，积极预防土地沙化，综合治理沙化土地。到 2020 年，沙区生态状况得到进一步改善。党的十八大以来，中国累计完成防沙治沙任务 2.82 亿亩，封禁保护沙化土地 2658 万亩，全国一半以上可治理沙化土地得到治理。全国沙化土地面积减少 6490 多万亩，沙区生态环境得到明显改善。全国建立了 41 个全国防沙治沙综合示范区、128 个国家沙漠（石漠）公园，开展了荒漠生态保护补偿试点工作，建立了 26 个荒漠生态系统定位观测站和 13 个沙尘暴地面监测站。近五年沙尘天气明显减轻，较"十一五"期间减少 31%。[1]

《"十三五"生态环境保护规划》强调要大规模绿化国土，加强农田林网建设，建设配置合理、结构稳定、功能完善的城乡绿地，形成沿海、沿江、沿线、沿边、沿湖（库）、沿岛的国土绿化网格，促进山脉、平原、河湖、城市、乡村绿化协同。《规划》提出多方面大规模绿化国土举措，包括：（1）继续实施新一轮退耕还林还草和退牧还草。扩大新一轮退耕还林还草范围和规模，在具备条件的 25 度以上坡耕地、严重沙化耕地和重要水源地 15—25 度坡耕地实施退耕还林还草。实施全国退牧还草工程建设规划，稳定扩大退牧还草范围，转变草原畜牧业生产方式，建设草原保护基础设施，保护和改善天然草原生态。（2）建设防护林体系。加强"三北"、长江、珠江、太行山、沿海等防护林体系建

---

[1]《我国近十年累计完成防沙治沙任务 2.82 亿亩》，国家林业和草原局网站，2022 年 6 月 20 日。

设。"三北"地区采用乔灌草相结合的方式，突出重点、规模治理、整体推进。长江流域推进退化林修复，提高森林质量，构建"两湖一库"防护林体系。珠江流域推进退化林修复。太行山脉优化林分结构。沿海地区推进海岸基干林带和消浪林建设，修复退化林，完善沿海防护林体系和防灾减灾体系。在粮食主产区营造农田林网，加强村镇绿化，提高平原农区防护林体系综合功能。（3）建设储备林。在水土光热条件较好的南方省区和其他适宜地区，吸引社会资本参与储备林投资、运营和管理，加快推进储备林建设。在东北、内蒙古等重点国有林区，采取人工林集约栽培、现有林改培、抚育及补植补造等措施，建设以用材林和珍贵树种培育为主体的储备林基地。到2020年，建设储备林1400万公顷，每年新增木材供应能力9500万立方米以上。（4）培育国土绿化新机制。继续坚持全国动员、全民动手、全社会搞绿化的指导方针，鼓励家庭林场、林业专业合作组织、企业、社会组织、个人开展专业化规模化造林绿化。发挥国有林区和林场在绿化国土中的带动作用，开展多种形式的场外合作造林和森林保育经营，鼓励国有林场担负区域国土绿化和生态修复主体任务。创新产权模式，鼓励地方探索在重要生态区域通过赎买、置换等方式调整商品林为公益林的政策。

2018年，全国绿化委员会、国家林业和草原局印发《关于积极推进大规模国土绿化行动的意见》，提出力争到2020年，生态环境总体改善，生态安全屏障基本形成；到2035年，美丽中国目标基本实现；到2050年，迈入林业发达国家行列。2019年，中共中央办公厅、国务院办公厅印发《天然林保护修复制度方案》，提出构建天然林保护新格局，计划到2020年，1.3亿公顷天然乔木林和0.68亿公顷天然灌木林地、未成林封育地、疏林地得到有效管护，基本建立天然林保护修复法律制度体系、政策保障体系、技术标准体系和监督评价体系。到本世纪中叶，全面建成以天然林为主体的健康稳定、布局合理、功能完备的森林生态系统，满足人民群众对优质生态产品、优美生态环境和丰富林产品的需求，为建设社会主义现代化强国打下坚实生态基础。

"十三五"期间，中国累计完成造林5.29亿亩，参加全民义务植树的人数累计达28亿人次，义务植树116亿株，新增国家森林城市98个。森林覆盖率和草原覆盖率获得显著提升，第八次全国森林资源清查（2009—2013年）结果显示，全国森林面积达2.08亿公顷，森林覆盖率21.63%。第九次全国森林资源清查（2014—2018年）结果显示，全国森林面积增加到2.2亿公顷，森林覆盖率达22.96%，"十三五"以来森林覆盖率实现23.04%的目标。2011年，草原综合植被盖度达51%，到2020年，草原综合植被盖度达到56.1%。[1]

三、加强涉及自然保护区的监督管理

加强国家级自然保护区的建设和管理，可有效保护国家级自然保护区的环境、资源和生物多样性。2013年，国务院印发《国家级自然保护区调整管理规定》，对调整理由、调整年限、特别保护、调整程序、责任追究等进行了修订，并在修订中提高了国家级自然保护区调整的门槛，对保护价值较高、珍稀濒危程度高的保护区严格限制调整，对因重大工程建设调整保护区提出了更加严格的申报条件和审查要求，从制度上遏制不合理开发建设活动对自然保护区的侵占。

2015年，环保部、国家发展改革委、财政部等多部门印发《关于进一步加强涉及自然保护区开发建设活动监督管理的通知》，加强对各级各类自然保护区的监管。《"十三五"生态环境保护规划》中提出，建立全国自然保护区"天地一体化"动态监测体系，利用遥感等手段开展监测，国家级自然保护区每年监测两次，省级自然保护区每年监测一次。针对自然保护区内的违法违规行为，组织开展"绿盾"自然保护地强化监督，2017年至2019年间累计发现342个国家级自然保护区内存在问题5740个，完成整改3986个。[2]

中国坚持绿色发展，科学划定生态保护红线，全面强化多类型自然

---

[1]《2020年全国草原综合植被盖度达56.1%，完成种草改良4245万亩》，人民网，2021年7月19日。

[2] 黄润秋：《国务院关于2019年度环境状况和环境保护目标完成情况与研究处理水污染防治法执法检查报告及审议意见情况的报告》，2020年4月26日。

保护区建设，持续开展大规模国土绿化活动，森林覆盖率、草原覆盖率持续增加，荒漠化得到有效治理，通过不断加大环保督查力度，夯实生态环境保护基础，确保生态系统保护工作持续向好。

第三节　加强生物多样性保护

习近平总书记指出，"万物各得其和以生，各得其养以成"。[1]生物多样性使地球充满生机，是人类生存和发展的基础，是地球生命共同体的血脉和根基，为人类提供了丰富多样的生产生活必需品、健康安全的生态环境和独特别致的景观文化。中国全面提升生物多样性保护水平，完善生物多样性保护政策，扎实推进生物多样性保护重大工程，积极应对外来物种入侵，强化重点生物保护，将生物多样性保护理念融入生态文明建设全过程。

一、完善生物多样性保护相关政策

生物多样性是生物与环境形成的生态复合体以及与此相关的各种生态过程的总和，包括生态系统、物种和基因三个层次。中国高度重视生物多样性保护，2010年，环境保护部印发《中国生物多样性保护战略与行动计划（2011—2030年）》，提出中国未来20年生物多样性保护总体目标、战略任务和优先行动。

2012年，生物物种资源保护部际联席会议第六次会议在北京召开，会议审议通过《生物物种保护部际联席会议第六次会议工作报告》、《实施〈中国生物多样性保护战略与行动计划〉》和《联合国生物多样性十年中国行动方案（含2012年方案）》。2012年，中国生物多样性保护国家委员会第一次会议审议通过《关于实施〈中国生物多样性保护战略与行动计划（2011—2030年）〉的任务分工》和《联合国生物多样性十年

---

[1]《习近平谈治国理政》第3卷，外文出版社2020年版，第361页。

中国行动方案》。

《中国生物多样性保护战略与行动计划（2011—2030年）》提出，通过完善生物多样性保护相关政策、法规和制度，推动生物多样性保护纳入相关规划，加强生物多样性保护能力建设，强化生物多样性就地保护，合理开展迁地保护，促进生物资源可持续开发利用，推进生物遗传资源及相关传统知识惠益共享，提高应对生物多样性新威胁和新挑战的能力。该计划明确了生物多样性保护的近期目标、中期目标和远期目标。其中，近期目标是到2015年，使重点区域生物多样性下降的趋势得到有效遏制，初步建立生物多样性监测、评估与预警体系、生物物种资源出入境管理制度以及生物遗传资源获取与惠益共享制度；中期目标是到2020年，努力使生物多样性的丧失与流失得到基本控制。生物多样性保护优先区域的本底调查与评估全面完成，并实施有效监控。基本建成布局合理、功能完善的自然保护区体系，国家级自然保护区功能稳定，主要保护对象得到有效保护。生物多样性监测、评估与预警体系、生物物种资源出入境管理制度以及生物遗传资源获取与惠益共享制度得到完善。远景目标是到2030年，使生物多样性得到切实保护。各类保护区域数量和面积达到合理水平，生态系统、物种和遗传多样性得到有效保护。形成完善的生物多样性保护政策法律体系和生物资源可持续利用机制，使保护生物多样性成为公众的自觉行动。

2013年，中国出台《联合国生物多样性十年中国行动方案（2013年）》，启动中国生物多样性保护优先区域的边界核定工作，适时更新《中国生物物种名录》，2015年完成了生物多样性保护优先区域边界核定。

2021年11月，《生物多样性公约》第十五次缔约方大会（COP15）在昆明召开，第一阶段会议通过《昆明宣言》，承诺确保制定、通过和实施一个有效的"2020年后全球生物多样性框架"，确保最迟在2030年使生物多样性走上恢复之路，进而全面实现人与自然和谐共生的2050年愿景。同年，中共中央办公厅、国务院办公厅印发《关于进一步加强生物多样性保护的意见》，强调"尊重自然，保护优先"、"健全体制，统筹推进"、"分级落实，上下联动"和"政府主导，多方参与"的基本原则，围绕加快完善生物多样性保护政策法规、持续优化生物多样性保护空间格局、构建完备的生物多样性保护监测体系、着力提升生物安全管理水平、创新生物多样性可持续利用机制、加大执法和监督力度、深化国际交流合作、全面推动公众参与和完善生物多样性保护保障措施等重点任务，深入推动生物多样性保护。实施《关于进一步加强生物多样性保护的意见》，将持续完善生物多样性保护体制，强化生物多样性的保护力度。

二、实施保护生物多样性举措

中国坚持在发展中保护、在保护中发展的原则，针对不同类型生物提出相应保护举措，扎实生物资源调查研究，完善监测体系和提升监测能力，严厉查处危害生物多样性行为，加大区域生态系统整体保护、系统修复、综合治理工作，着力为各类生物提供良好的栖息环境。

野生植物保护方面。一是完善国家重点保护野生植物名录。2021年9月，国家林业和草原局、农业农村部发布调整《国家重点保护野生植物名录》，正式取代1999年颁布的第一批名录，列入国家重点保护野生植物455种和40类，包括国家一级保护野生植物54种和4类、国家二级保护野生植物401种和36类。二是积极组织野生植物资源调查。2012年，组织25个省（区、市）对发菜、野大豆、冬虫夏草等重要野生植物资源开展调查，利用全球定位系统（GPS）系统对1214个分布点进行了定位和信息采集，制作标本2900多份，采集图像信息10000多幅。三是加强野生植物原生境保护。新建农业野生植物原生境保护区（点）13处，对野生水果、野生蔬菜、野生茶、野大豆等具有重要农业应用价值的濒危物种及其分布点原生境进行保护。四是强化对野生植物原生境保护点监督检查。对已建成的86个农业野生植物原生境保护点开展监督检查和动态监测，组织制定了7项技术标准，为规范建设和运

第四章　加大生态保护与修复力度

行提供了技术依据。[1]

野生动物保护方面。一是发布生物多样性红色名录。2015年，我国发布《中国生物多样性红色名录——脊椎动物卷》，评估结果显示：中国脊椎动物属于灭绝等级（EX）的有4种，野外灭绝等级（EW）的有3种，区域灭绝等级（RE）的有10种，极度濒危等级（CR）的有185种，濒危等级（EN）的有288种，易危等级（VV）的有459种，近危等级（NT）的有598种，无危等级（LC）的有1869种。二是加强重点生物保护。2018年，生态环境部、农业农村部和水利部联合印发《重点流域水生生物多样性保护方案》，强调通过开展调查观测、强化就地保护、加强迁地保护、开展生态修复、推进科学养殖，针对长江、黄河、珠江、松花江、淮河、海河、辽河重点流域水生生物实施多样性保护行动，保护重点流域水生生物多样性。强调不断完善水生生物多样性观测评估体系、就地保护体系、水域用途管控体系和执法体系，努力使重点流域水生生物多样性下降速度得到初步遏制。《方案》指出，到2030年，形成完善的水生生物多样性保护政策法律体系和生物资源可持续利用机制，重点流域水生生物多样性得到切实保护。三是建立生物多样观测点。至2021年，中国已经建立380个鸟类观测样区、159个两栖动物观测样区、70个哺乳动物观测样区和140个蝴蝶观测样区，构建了由749个观测样区组成的中国生物多样性观测网络，每年获得70余万条观测数据，掌握了重点区域物种多样性变化的第一手数据，为评估中国生物多样性的保护现状及威胁因素，并制定中国生物多样性保护相关管理措施和政策提供了技术支撑。[2]四是开展水生生物放流增殖。相关部门仅在2012年就开展10次重大放流活动，其他放流活动达1579次。[3]

---

[1]《2012年中国自然生态状况》，生态环境部网站，2013年6月5日。

[2]《〈生物多样性公约〉第十五次缔约方大会11日将在云南召开　我国初步形成生物多样性观测网络》，央视网，2021年10月6日。

[3] 环境保护部：《中国环境状况公报（2012）》，2013年5月28日。

三、积极应对外来物种入侵

伴随着人们的经济活动和国际交往，一些物种由原生存地借助人为作用或其他途径移居到另一个新的生存环境，在新的栖息地繁殖并建立稳定种群，这些物种被称为外来物种。有针对性地引进优良动植物品种，既可丰富引进国的生物多样性，又能带来诸多效益；但若引种不当或缺乏科学管理则会引发较大负面影响。

2012年，我国已查明外来入侵物种524种。近十年来，新入侵的恶性外来物种有20多种，常年大面积发生危害的物种达100余种，危害区域涉及全国31个省（区、市），局部地区造成严重的经济损失。以入侵中国并造成严重危害的外来林业有害生物为例，目前此类恶性物种达36种，年均发生面积超过280万公顷。松材线虫病发生面积4.08万公顷，虽然县级疫区总数由185个减少到179个，实现了县级发生区、发生面积和病死树数量继续多年"三下降"，但其传播扩散还未得到根本遏制，呈现继续向西、向北扩散的态势。美国白蛾发生面积68.20万公顷，同比下降9%，但也呈现出沿渤海湾外围继续向北、向南的跳跃式扩散态势。红脂大小蠹在山西、陕西、河北、河南4省发生面积5.47万公顷，同比上升17.14%，局部地区危害加重。[1]

2014年，生态环境部发布《中国外来入侵物种名单（第三批）》。根据公布的外来入侵物种名录，中国各地的保护区开展了一些有针对性的现状调研和入侵危害分析，并进一步研究控制方案。云南实施开展紫根水葫芦治理和蓝藻的防除示范，广西北海开展互花米草的防除示范，湖北英山、辽宁沈阳和重庆潼南分别开展福寿螺、豚草与水葫芦的三次全国性现场集中灭除活动，并以薇甘菊、黄顶菊、刺萼龙葵、福寿螺等外来入侵物种为对象，进行针对外来入侵物种的化学、生物、替代防治技术研究。截至2020年，中国发现660多种外来入侵物种，有71种对自然生态系统已造成或具有潜在威胁的生物被列入《中国外来入侵物种

---

[1] 环境保护部：《中国环境状况公报（2012）》，2013年5月28日。

名单》。[1]

四、生物多样性保护不断取得新成效

作为最早签署和批准《生物多样性公约》的缔约国之一，中国一贯高度重视开展生物多样性的保护工作。2021年10月，国务院新闻办公室发布《中国的生物多样性保护》白皮书，全面总结了我国在习近平生态文明思想指引下，以建设美丽中国为目标，积极适应新形势新要求，不断加强和创新生物多样性保护举措；从四个方面系统阐述了努力促进人与自然、人与人、人与社会和谐共生、良性循环、全面发展、持续繁荣的中国生物多样性保护理念、行动和成效。

中国将生物多样性保护上升为国家战略，成立由分管生态环境保护的国务院副总理任主任、23个国务院部门为成员的中国生物多样性保护国家委员会，统筹推进生物多样性保护工作。近十年来，国家陆续颁布和修订森林法、草原法、渔业法、野生动物保护法、环境保护法、海洋环境保护法、种子法、长江保护法和生物安全法等20多部与生物多样性相关的法律法规。开展全国生物多样性调查与评估，构建涵盖2376个县级行政单元、样线总长超过3.4万公里的物种分布数据库，建立物种资源调查及收集信息平台，以准确反映野生动植物空间分布状况。2020年，十三届全国人大常委会第十六次会议通过《关于全面禁止非法野生动物交易、革除滥食野生动物陋习、切实保障人民群众生命健康安全的决定》，依法全面禁止食用野生动物，保障人民群众生命安全。此外，设立国家绿色发展基金，首期募资规模达885亿元。同时，强化科技与人才支撑，设立生物多样性保护专项、典型脆弱生态修复与保护研究、物种资源保护专项、珍稀濒危野生动物保护专项等一批基础科研项目。

生物多样性保护取得显著成效。在优化就地保护体系方面，以国家公园为主体的自然保护地体系形成。截至2021年10月，中国已建立各

---

[1] 生态环境部：《中国生态环境状况公报（2020）》，2021年5月24日。

级各类自然保护地近万处，约占陆域国土面积的18%，90%的陆地生态系统类型和71%的国家重点保护野生动植物物种得到有效保护，已启动三江源等10处国家公园体制试点。具体来说，一是野生动物栖息地空间不断拓展，种群数量不断增加。大熊猫野外种群数量从20世纪70年代至2021年的40年间从1114只增加到1864只，朱鹮由发现之初的7只增长至野外种群和人工繁育种群总数超过5000只，亚洲象野外种群数量从20世纪80年代的180头增加到300头左右，海南长臂猿野外种群数量从20世纪70年代的仅存2群不足10只增长到5群35只。二是初步划定了生态保护红线，集中分布于青藏高原、天山山脉、内蒙古高原、大小兴安岭、秦岭、南岭，以及黄河流域、长江流域、海岸带等重要生态安全屏障和区域。生态保护红线涵盖森林、草原、荒漠、湿地、红树林、珊瑚礁及海草床等重要生态系统，覆盖全国生物多样性分布的关键区域，绝大多数珍稀濒危物种及其栖息地得到有效保护。三是划定确定了35个生物多样性保护优先区域。其中，32个陆域优先区域总面积达276.3万平方公里，约占陆域国土面积的28.8%，对于有效保护重要生态系统、物种及其栖息地具有重要意义。

完善迁地保护体系方面。一是建立植物园、野生动物救护繁育基地以及种质资源库、基因库等较为完备的迁地保护体系。建立植物园（树木园）近200个，保存植物2.3万余种。二是建立250处野生动物救护繁育基地，60多种珍稀濒危野生动物人工繁殖成功。实施一批种质资源保护和育种创新项目，截至2020年底，形成了以国家作物种质长期库及其复份库为核心、10座中期库与43个种质圃为支撑的国家作物种质资源保护体系，建立了199个国家级畜禽遗传资源保种场（区、库），为90%以上的国家级畜禽遗传资源保护名录品种建立了国家级保种单位，长期保存作物种质资源52万余份、畜禽遗传资源96万份。建设完成99个国家级林木种质资源保存库，以及新疆、山东2个国家级林草种质资源设施保存库国家分库，保存林木种质资源4.7万份。建设31个药用植物种质资源保存圃和2个种质资源库，保存种子种苗1.2万多份。三是实施濒危物种拯救工程，对部分珍稀濒危野生动物进行抢救性保护，通过人工繁育扩大种群，并最终实现自然放归。人工繁育大熊猫数量呈快速优质增长态势，大熊猫受威胁程度等级从"濒危"降为"易危"，并实现对其的野外放归，使其成功融入野生种群。对曾经野外消失的麋鹿在北京南海子、江苏大丰、湖北石首分别建立了三大保护种群，至2021年麋鹿总数已突破8000只。此外，中国还针对德保苏铁、华盖木、百山祖冷杉等120种极小种群野生植物开展抢救性保护，112种中国特有的珍稀濒危野生植物实现野外回归。

生物安全管理方面。一是把生物安全纳入国家安全体系，颁布实施生物安全法，系统规划国家生物安全风险防控和治理体系建设。严密防控外来物种入侵，陆续发布4批《中国自然生态系统外来入侵物种名单》，制定《国家重点管理外来入侵物种名录》，共计公布83种外来入侵物种。二是完善转基因生物安全管理，先后颁布实施《农业转基因生物安全管理条例》《农业转基因生物安全评价管理办法》《生物技术研究开发安全管理办法》《进出境转基因产品检验检疫管理办法》等法规。发布转基因生物安全评价、检测及监管技术标准200余项，转基因生物安全管理体系逐渐完善。

面对全球生物多样性丧失和生态系统退化，中国秉持人与自然和谐共生理念，坚持保护优先、绿色发展，形成了政府主导、全民参与，多边治理、合作共赢的联动机制，推动中国生物多样性保护不断取得新成效，向世界展现了中国在生物多样性保护领域的大国担当和决心。

在第75届联大生物多样性峰会上，国家主席习近平向世界介绍了中国生物多样性保护的经验和理念：强调坚持生态文明，增强建设美丽世界动力；坚持多边主义，凝聚全球环境治理合力；保持绿色发展，培育疫后经济高质量复苏活力；增强责任心，提升应对环境挑战行动力。中国以生物多样性保护领域的各项突出成效引领世界建设生态文明、保护生物多样性的潮流，为凝聚各国生物多样性保护共识，携手应对生物多样性挑战，推动共建地球生命共同体注入强大动力。

第四节　全方位做好生态环境治理与督查

中国统筹推进重点流域治理、海洋环境治理以及声音、辐射和核安全治理工作，全面禁止洋垃圾入境，全方位做好生态环境治理与督查，在各方面取得显著成效。

一、重点流域水质明显改善

按统计，2012年，中国重点流域长江、黄河、珠江、松花江、淮河、海河、辽河、浙闽片河流、西北诸河和西南诸河等十大流域的国控断面中，Ⅰ—Ⅲ类、Ⅳ—Ⅴ类和劣Ⅴ类水质断面比例分别为68.9%、20.9%和10.2%。[1]

2012年，国务院批复《重点流域水污染防治规划（2011—2015年）》，强调要按照"让江河湖泊休养生息"的要求，以改善重点流域及近岸海域水环境质量、维护人民群众身体健康、保障水环境安全为目标，以"流域—控制区—控制单元"三级分区体系为框架，以水功能区限制纳污红线为依据，以污染物总量减排为抓手，以规划项目为依托，以政策措施为保障，综合运用工程、技术、生态的方法，实施重点流域水污染综合防治战略，努力恢复江河湖泊的生机和活力，促进流域经济社会的可持续发展。同时，建立全水污染防治工作协作机制和京津冀、长三角、珠三角等重点区域水污染防治联动协作机制。其中，安徽省和浙江省在新安江流域实施了全国首个跨省流域上下游横向生态补偿试点。

2012年至2016年《中国环境状况公报》和2017年至2021年《中国生态环境状况公报》数据显示：经过一系列整顿，从七大水系的水质变化来看，"十三五"期间水质显著好转，Ⅰ—Ⅲ类水质类别比例稳步上升，Ⅳ—Ⅴ类、劣Ⅴ类水质类别比例稳步下降。至2020年，长江、

---

[1] 环境保护部：《中国环境状况公报（2012）》，2013年5月28日。

黄河、珠江等十大流域的国控断面中，Ⅰ—Ⅲ类和劣Ⅴ类水质断面比例分别为 87.4%、0.2%。

二、海洋环境保护力度不断强化

中国持续推进海洋环境保护，2012 年，完成首个全国性海洋污染防治规划《近岸海域污染防治规划（2012—2015 年）》的编制工作，《规划》提出以改善近岸海域环境质量、保护海洋生态系统健康为目标，坚持"陆海统筹、河海兼顾"的原则；分析近岸海域污染防治形势，部署五个方面的基本任务；提出了包括促进沿海地区产业转型升级、逐步减少陆源污染排放、加强海上污染源控制、保护海洋生态、防范近岸海域环境风险等五方面的重点工作。2014 年，环保部出台《近岸海域环境监测信息公开方案》，对近岸海域海水水质、入海河流入海断面水质和日排放量 100 立方米以上的直排海污染源（及排污沟、渠）等相关环境监测信息的公布做出了详细规定。

2015 年 7 月，国家海洋局印发《海洋生态文明建设实施方案（2015—2020 年）》，提出强化规划引导和约束、实施总量控制和红线管控、深化资源科学配置与管理、严格海洋环境监管与污染防治、加强海洋生态保护与修复、增强海洋监督执法、施行绩效考核和责任追究、提升海洋科技创新与支撑能力、推进海洋生态文明建设领域人才建设、强化宣传教育与公众参与等 10 方面 31 项主要任务。

该方案提出，"十三五"期间，中国着重利用污染防治、生态修复等多种手段，完成改善 16 个污染严重的重点海湾和 50 个沿海城市毗邻重点小海湾生态环境质量任务；每年支持 10 余个国家级保护区开展基础管护设施和生态监控系统平台建设；新建 40 个国家级海洋生态文明示范区，修建 15 个海岛生态建设实验基地。强化海洋环境督查，编制《关于加强入海排污口环境监督管理的指导意见》，明确加强入海排污口环境监督管理的总体要求，提出落实主体责任与监管责任、严格入海排污口设置环境管理、强化入海排污口日常环境监管、完善信息公开和社会监督、严格执法与加大处罚力度等内容。2017 年，中国完成海洋环境保护法修订，推动用法律手段保护和改善海洋环境。

2015年8月，国务院印发《全国海洋主体功能区规划》，强调以陆海统筹、尊重自然、优化结构、集约开发为原则，针对内水和领海、专属经济区和大陆架及其他管辖海域等的不同特点，根据不同海域资源环境承载能力、现有开发强度和发展潜力，合理确定不同海域主体功能，将海洋空间划分为优先开发区域、重点开发区域、限制开发区域和禁止开发区域。中国的内海和领海是海洋开发活动的核心区域，也是陆海统筹、实现人口资源环境协调发展的关键区域。其中，渤海湾、长江口及其两翼、珠江口及其两翼、北部湾、海峡西部以及辽东半岛、山东半岛、苏北、海南岛附近海域属于优化开发区域，城镇建设用海区、港口和临港产业用海区、海洋工程和资源开发区为重点开发区域，海洋渔业保障区、海洋特别保护区和海岛及其周边海域为限制开发区域，各级各类海洋自然保护区、领海基点所在岛礁等属于禁止开发区域。在专属经济区和大陆架及其他管辖海域主体功能区中，资源勘探开发区、重点边远岛礁及周边海域为重点开发区域，其他海域属于限制开发区域。

针对不同的区域类型，国家实施不同的开发政策。优化开发区域，是指现有开发利用强度较高，资源环境约束较强，产业结构亟须调整和优化的海域。该区域往往开发时间较早、开发程度较高，同时也面临环境破坏严重、生态失衡严重等问题。其开发原则是优化近岸海域空间布局，合理调整海域开发规模和时序，控制开发强度，严格实施围填海总量控制制度；推动海洋传统产业技术改造和优化升级，大力发展海洋高技术产业，积极发展现代海洋服务业，推动海洋产业结构向高端、高效、高附加值转变；推进海洋经济绿色发展，提高产业准入门槛，积极开发利用海洋可再生能源，增强海洋碳汇功能；严格控制陆源污染物排放，加强重点河口海湾污染整治和生态修复，规范入海排污口设置；有效保护自然岸线和典型海洋生态系统，提高海洋生态服务功能。禁止开发区域，是指对维护海洋生物多样性、保护典型海洋生态系统具有重要作用的海域，包括海洋自然保护区、领海基点所在岛屿等。该区域的管制原则是，对海洋自然保护区依法实行强制性保护，实施分类管理；对领海基点所在地实施严格保护,任何单位和个人不得破坏或擅自移动领海基点标志。

《全国海洋主体功能区规划》的出台实施,标志着国家主体功能区战略实现了陆域国土空间和海域国土空间的全覆盖,对于推动形成陆海统筹、高效协调、可持续发展的国土空间开发格局具有重要促进作用,对于实施海洋强国战略、提高海洋开发能力、转变海洋发展方式、保护海洋生态环境、维护国家海洋权益等具有重要战略意义,有助于中国形成"一带九区多点"海洋开发格局、"一带一链多点"海洋生态安全格局、以传统渔场和海水养殖区等为主体的海洋水产品保障格局、"储近用远"的海洋油气资源开发格局,提高海洋空间利用效率,提升海洋可持续发展能力,改善海洋生态系统。

通过一系列治理措施,中国海洋环境质量状况逐年优化。2012年至2016年《中国环境状况公报》和2017年至2021年《中国生态环境状况公报》数据显示:2016年,中国海洋生态系统状况已有改善,监测的21个典型海洋生态系统中,处于健康、亚健康和不健康状态的海洋生态系统个数分别占生态系统总数的23.8%、66.7%和9.5%;至2020年,全国近岸海域水质总体稳中向好,优良(Ⅰ、Ⅱ类)水质海域面积比例达到77.4%,劣Ⅳ类仅为9.4%。

三、声音、辐射和核安全总体平稳

声音环境整体保持平稳良好。中国大力推动噪声治理项目,2012年,噪声治理投资总计1.2亿元。此后国家财政投入噪声治理的经费不断增长,2020年,近4万个在建工地安装了噪声自动监测设备;实施环境噪声污染治理的工业企业数达到20242个,投入治理经费约12.9亿元;全国道路交通噪声污染防治投入资金约39.79亿元,城市轨道交通噪声污染防治投入资金约28.3亿元,机场噪声污染防治投入资金约28亿元。积极处理环境噪声投诉,以噪声法修改为契机,按照规划引领、源头预防、传输管控、受体保护的噪声污染防治思路,围绕加强法规制度建设、开展专项整治行动、优化调整声环境功能区、持续推进环境噪声监测、积极解决环境噪声投诉举报、加强环境噪声污染防治宣传和信息公开、加大环境噪声相关科研及推动噪声污染防治相关产业发展等方面开展了大量工作；着力构建环境噪声治理法治体系，发布多项声污染防治的相关规则和规范文件，2020年，中央和地方共发布环境噪声污染防治相关法规、规章和文件293份。[1]2021年，十三届全国人大常委会第三十二次会议审议通过噪声污染防治法，该法为解决人民群众身边最直接、最突出的噪声污染问题提供更有力的法治保障。

辐射和核安全的治理与督查方面。2013年，中国完成对31个省（区、市）的辐射环境监测能力评估工作，印发《"十二五"全国辐射环境监测体系建设工作方案》，指导各省级环保机构开展辐射环境监测能力建设；印发《2013年全国辐射环境监测方案》，完善各省（区、市）国控监测点位和监测内容，做好国控网监测数据汇总、评价、反馈和报告编制工作。福岛核安全事故发生后，中国持续加强运行核电厂全天候安全监管，强化在建核电厂调试监督。2014年，相关部门对全国400多家γ射线探伤单位和其他高风险放射源的辐射安全进行专项检查，在全行业组织开展了历时一年的核安全文化宣贯推进专项行动，发布《核安全文化政策声明》。至2020年，全国建设完成235个新增国控辐射环境空气自动监测站，建立全国核电经验反馈体系并确保有效运转。推动历史遗留核设施退役治理工作，确保49台运行核电机组、19座民用研究堆（临界装置）始终保持良好安全运行记录，15台在建电机组建设质量受控。放射源辐射事件发生率保持历史最低水平，每年每万枚放射源事故发生率小于一起。[2]《中华人民共和国核安全法》于2017年审议通过，于2018年正式施行，该法在保障核安全方面发挥了重要作用。

四、全面禁止洋垃圾入境

20世纪80年代以来，国内以制造业为主的产业快速发展，为缓解

---

[1] 环境保护部：《中国环境噪声污染防治报告（2013）》，2014年1月2日；生态环境部：《中国环境噪声污染防治报告（2021）》，2021年6月17日。

[2] 黄润秋：《深入贯彻十九届五中全会精神 协同推进生态环境高水平保护和经济高质量发展》，生态环境部网站，2021年2月1日。

原料不足情况，中国从境外进口可用作原料的固体废物。但洋垃圾含有毒有害物质，对环境存在潜在的、长期性的不利影响，更会损害污染地群众的身体健康。

2017年，国务院印发《禁止洋垃圾入境推进固体废物进口管理制度改革实施方案》，要求全面禁止洋垃圾入境。以洋垃圾零进口为目标，生态环境部实施了3次进口固体废物目录调整，将56种固体废物分批禁止进口，修订了11项进口固体废物环境保护控制标准，不断抬高进口门槛。2017年至2020年，持续开展打击进口固体废物环境违法行为专项行动，共检查企业2300多家次，依法查处1100多家次；组织实施废塑料等加工行业的清理整顿，整顿集散地194个，关停取缔"散乱污"企业8800多家。开展"国门利剑"等专项行动，严厉打击海上洋垃圾走私活动，坚决清除洋垃圾滋生的土壤。从2017年到2020年四年间，中国固体废物的进口量从4227万吨降低到879万吨，直至2020年底清零，累计减少固体废物进口量1亿吨。[1]

新时代的中国全方位加强生态环境保护和治理工作，在重点流域、海洋环境、声音辐射及核安全和洋垃圾的治理上全方位、分领域集中发力，并从严强化环保督查和对危害生态环境行为的打击力度，推动生态环境面貌取得根本好转。

---

[1]《国新办举行建设人与自然和谐共生的美丽中国发布会》，国新网，2021年8月18日。

第五章　推动生产生活方式全面向绿色转型

习近平总书记指出，"推动形成绿色发展方式和生活方式是贯彻新发展理念的必然要求"[1]，要求努力实现经济社会发展和生态环境保护协同共进，为人民群众创造良好生产生活环境。绿色发展是从源头破解我国资源环境约束瓶颈、提高发展质量的关键。党的十八大以来，中国以新发展理念引领高质量发展，优化调整经济结构、产业结构和能源结构，推进生产方式绿色化；提高全民生态环保意识、将建设美丽中国化为人民的自觉行动，推进生活方式绿色化；加强城市环境治理，推动形成绿色空间格局；统筹推进生态文明建设和疫情防控，促进生产生活方式全面向绿色转型。

第一节　推进生产方式绿色化

习近平总书记指出，"推动经济高质量发展，要把重点放

---

[1] 习近平：《论把握新发展阶段、贯彻新发展理念、构建新发展格局》，中央文献出版社2021年版，第179页。

在推动产业结构转型升级上,把实体经济做实做强做优。"[1]推进生产方式绿色化是要坚持走生态优先、绿色低碳发展道路,全方位全过程推行绿色规划、绿色设计、绿色投资、绿色建设、绿色生产、绿色流通、绿色生活、绿色消费,使发展建立在高效利用资源、严格保护生态环境、有效控制温室气体排放的基础上,统筹推进高质量发展和高水平保护,建立健全绿色低碳循环发展的经济体系。以新发展理念为指导,中国转向高质量发展阶段,加快经济结构、产业结构和能源结构向绿色转型,全面推进生产方式绿色化。

一、贯彻新发展理念推动高质量发展

进入新时代,中国经济形势面临很大变化,经济发展进入新常态。2013年,习近平总书记指出中国经济处于增长速度换挡期、结构调整阵痛期、前期刺激政策消化期的"三期叠加"状态。2014年,习近平总书记阐述了中国经济新常态的基本特征——中国经济正在向形态更高级、分工更复杂、结构更合理的阶段演化,经济发展速度正从高速增长转向中高速增长,经济发展方式正从规模速度型粗放增长转向质量效率型集约增长,经济结构正从增量扩能为主转向调整存量、做优增量并存的深度调整,经济发展动力正从传统增长点转向新的增长点。

2015年10月,习近平总书记在党的十八届五中全会上提出了"创新、协调、绿色、开放、共享"的新发展理念。新发展理念的提出是立足于中国经济新常态,旨在解决经济发展方式转型、经济结构转型以及经济发展动力转型的战略性、纲领性、引领性的发展思路、发展方向和发展着力点。11月,习近平总书记在中央财经领导小组第十一次会议上指出,"在适度扩大总需求的同时,着力加强供给侧结构性改革,着力提高供给体系质量和效率,增强经济持续增长动力,推动我国社会生产

---

[1]《扎实推动经济高质量发展 扎实推进脱贫攻坚》,《人民日报》2018年3月6日。

力水平实现整体跃升。"[1]供给侧结构性改革的重点是解放和发展社会生产力,用改革的办法实现结构调整,推进去产能、去库存、去杠杆、降成本和补短板,减少无效和低端供给、扩大有效和中高端供给,提高全要素生产率。

党的十九大指出,中国经济已由高速增长阶段转向高质量发展阶段,正处在转变发展方式、优化经济结构、转换增长动力的攻关期,建设现代化经济体系是跨越关口的迫切要求和中国发展的战略目标,强调"必须坚持质量第一、效益优先,以供给侧结构性改革为主线,推动经济发展质量变革、效率变革、动力变革,提高全要素生产率"。随着第一个百年奋斗目标的完成,中国进入新发展阶段,习近平总书记指出,新发展阶段就是全面建设社会主义现代化国家、向第二个百年奋斗目标进军的阶段。2021年,习近平总书记在省部级主要领导干部学习贯彻党的十九届五中全会精神专题研讨班上作《把握新发展阶段,贯彻新发展理念,构建新发展格局》重要讲话并指出,"新发展理念是最重要、最主要的。新发展理念是一个系统的理论体系,回答了关于发展的目的、动力、方式、路径等一系列理论和实践问题,阐明了我们党关于发展的政治立场、价值导向、发展模式、发展道路等重大政治问题。全党必须完整、准确、全面贯彻新发展理念。"[2]以新发展理念为指导,推动生产方式绿色化转型要优化经济结构和产业机构,促进第三产业快速发展,大力发展包括医药制造业,航空、航天器及设备制造业,电子及通信设备制造业,计算机及办公设备制造业,医疗仪器设备及仪器仪表制造业,信息化学品制造业等在内的高技术制造业产业。同时推动能源结构绿色化,发展绿色能源,提高资源的利用效率,减少二氧化硫、氮氧化物、粉尘等污染物的产生和排放,推动形成绿色低碳的能源消费模式。

---

[1] 习近平:《论把握新发展阶段、贯彻新发展理念、构建新发展格局》,中央文献出版社2021年版,第55页。

[2] 习近平:《论把握新发展阶段、贯彻新发展理念、构建新发展格局》,中央文献出版社2021年版,第479页。

二、加快经济结构向绿色转型

中国以新发展理念为指导,坚持以推进供给侧结构性改革为主线,加快推动经济结构战略性调整,不断优化经济结构。

《中国统计年鉴(2021)》显示,2012年,中国国内生产总值538580亿元。其中,第一产业增加值、第二产业增加值和第三产业增加值分别为49085亿元、244639亿元、244856亿元,分别占比9.1%、45.4%和45.5%。2020年,国内生产总值1015986亿元。其中,第一产业增加值、第二产业增加值、第三产业增加值分别为77754亿元、384255亿元、553977亿元,分别占比7.7%、37.8%和54.5%。

2012年至2020年间,第三产业增加值增幅远超第一产业和第二产业,第三产业增加值占国内生产总值比重从45.4%增加到54.5%,经济结构完成"二三一"向"三二一"的历史性转变。

三、推动产业结构向绿色转型

当代中国建成了门类齐全、独立完整的产业体系,有力推动了工业化和现代化进程,成为世界第一制造业大国。然而,与世界先进水平相比,中国制造业仍然大而不强,传统行业所占比重依然较高,战略性新兴产业、高技术产业尚未成为经济增长的主导力量。

党的十八大强调"科技创新是提高社会生产力和综合国力的战略支撑,必须摆在国家发展全局的核心位置",提出要坚持走中国特色自主创新道路、实施创新驱动发展战略,用高新技术和先进适用技术改造提升传统产业,实现产业结构向绿色转型。《国家环境保护"十二五"规划》强调,要严格执行《产业结构调整指导目录》《部分工业行业淘汰落后生产工艺装备和产品指导目录》,加大钢铁、有色、建材、化工、电力、煤炭、造纸、印染、制革等行业落后产能淘汰力度。

2015年5月,国务院印发《中国制造2025》,部署全面推进实施制造强国战略,并将"绿色发展"作为基本方针,强调坚持把可持续发展作为建设制造强国的重要着力点,加强节能环保技术、工艺、装备推广应用，全面推行清洁生产。发展循环经济，提高资源回收利用效率，构建绿色制造体系，走生态文明的发展道路。提出组织实施"绿色制造工程"，包括组织实施传统制造业能效提升、清洁生产、节水治污、循环利用等专项技术改造。开展重大节能环保、资源综合利用、再制造、低碳技术产业化示范。实施重点区域、流域、行业清洁生产水平提升计划，扎实推进大气、水、土壤污染源头防治专项。制定绿色产品、绿色工厂、绿色园区、绿色企业标准体系，开展绿色评价。到2020年，建成千家绿色示范工厂和百家绿色示范园区，部分重化工行业能源资源消耗出现拐点，重点行业主要污染物排放强度下降20%。到2025年，制造业绿色发展和主要产品单耗达到世界先进水平，绿色制造体系基本建立。

《"十三五"生态环境保护规划》中提出"坚持绿色发展、标本兼治"的生态环境保护基本原则，强调要坚持绿色富国、绿色惠民，处理好发展和保护的关系，协同推进新型工业化、城镇化、信息化、农业现代化与绿色化。坚持立足当前与着眼长远相结合，加强生态环境保护与稳增长、调结构、惠民生、防风险相结合，强化源头防控，推进供给侧结构性改革，优化空间布局，推动形成绿色生产和绿色生活方式，从源头预防生态破坏和环境污染，加大生态环境治理力度，促进人与自然和谐发展。《规划》强调"绿色发展是从源头破解我国资源环境约束瓶颈、提高发展质量的关键"，要创新调控方式，强化源头管理，以生态空间管控引导构建绿色发展格局，以生态环境保护推进供给侧结构性改革，以绿色科技创新引领生态环境治理，促进重点区域绿色、协调发展，加快形成节约资源和保护环境的空间布局、产业结构和生产生活方式，从源头保护生态环境。《规划》提出要围绕强化环境硬约束推动淘汰落后和过剩产能、严格环保能耗要求促进企业加快升级改造、促进绿色制造和绿色产品生产供给、推动循环发展以及推进节能环保产业发展等方式推进供给侧结构性改革，实现生产方式绿色化。

"十三五"期间中国深入推进供给侧结构性改革，钢铁、煤炭、煤电、水泥、平板玻璃、电解铝等行业去产能成效显著，工业产能利用率回升，行业供求矛盾缓解，经营状况好转，为制造业高质量发展奠定了基础。2018年末，有原煤生产的规模以上工业企业共计2556个，比2013年末减少47.7%；其中，年产量90万吨以下的小型原煤生产企业2237个，比2013年大幅减少2290个。黑色金属冶炼和压延加工业法人单位数2.2万个，比2013年末下降42.0%，从业人员数下降47.5%，占全部制造业比重下降1.2个百分点，是制造业大类行业中降幅最大的行业。[1]初步建立落后产能退出长效机制，钢铁行业提前完成1.5亿吨去产能目标，电解铝、水泥行业落后产能已基本退出。

制造强国战略深入实施，高技术制造业、装备制造业、战略性新兴产业增加值年均分别增长10.3%、8.4%、9.5%。产业数字化智能化转型明显加快，规模以上工业企业生产设备数字化率、关键工序数控化率、数字化设备联网率分别达到49.9%、52.1%、43.5%。[2]

绿色低碳产业初具规模。截至2020年底，节能环保产业产值约7.5万亿元。新能源汽车累计推广量超过550万辆，连续多年位居全球第一。太阳能电池组件在全球市场份额占比达71%。相关部门研究制定468项节能与绿色发展行业标准，建设2121家绿色工厂、171家绿色工业园区、189家绿色供应链企业，推广近2万种绿色产品，绿色制造体系建设已成为绿色转型的重要支撑。[3]

国家统计局于2018年开始测算和发布"三新"（指新产业、新业态、新商业模式）经济增加值和经济发展新动能指数（包括网络经济指数、经济活力指数、创新驱动指数、知识能力指数、转型升级指数五大分类指标）。从2015年到2020年，"三新"经济增加值占国内生产总值的比重由14.8%提高到17.08%；经济发展新动能指数则显示，以2014年为100，2015年至2020年间中国经济发展新动能指数分别为119.6、146.9、191.2、257.9、325.5和440.3，分别比上年增长19.6%、22.8%、

---

[1] 鲜祖德：《中国制造业迈向中高端》，人民网，2020年1月3日。
[2] 国家发改委规划司：《"十四五"规划〈纲要〉解读文章之一："十三五"时期经济社会发展的主要成就》，国家发改委网站，2021年12月25日。
[3] 工信部：《"十四五"工业绿色发展规划》，2021年12月3日。

30.2%、34.9%、26.2%和35.3%。

四、推动能源结构向绿色转型

中国作为"世界工厂"和制造业大国，也是能源消耗大国。《工业转型升级规划（2011—2015年）》中指出，"十一五"期间，工业能源消耗总量由2005年的15.95亿吨标准煤增加到2010年的24亿吨标准煤左右，占全社会总能耗的比重由2005年的70.9%上升到2010年的73%左右，钢铁、有色金属、建材、石化、化工和电力六大高耗能行业的能源消耗量占工业总能耗的比重由2005年的71.3%上升到2010年的77%左右。能源利用水平还有待提升，能源消耗和二氧化硫排放量分别占全社会能源消耗、二氧化硫排放总量的70%以上，钢铁、炼油、乙烯、合成氨、电石等单位产品能耗较国际先进水平高出10%—20%；矿产资源对外依存度不断上升，原油、铁矿石、铝土矿、铜矿等重要能源资源进口依存度超过50%。同时，中国还处于工业化、城镇化深入发展阶段，推动工业绿色低碳转型任务艰巨。

进入新时代，中国推进资源综合利用向高值化、规模化、集约化方向发展，建立技术先进、清洁安全、吸纳就业能力强的现代化工业资源综合利用产业新模式，大力推进能源结构的调整和转型升级，能源生产结构由煤炭为主向多元化转变，推动新能源和可再生能源发展，能源消费结构日趋低碳化。据《中国统计年鉴》数据，2012年以来，煤炭消费所占比例呈逐年下降的趋势，从2012年占能源消费总量的68.5%下降到2020年的56.8%。

全面提升能源利用效率。"十三五"期间，规模以上工业单位增加值能耗降低约16%，单位工业增加值用水量降低约40%。重点大中型企业吨钢综合能耗水耗、原铝综合交流电耗等已达到世界先进水平。2020年，10种主要品种再生资源回收利用量达到3.8亿吨，工业固废综合利用量约20亿吨。[1]

---

[1] 工信部节能与综合利用司：《〈"十四五"工业绿色发展规划〉新闻发布会实录》，2021年12月3日。10种主要品种包括废钢铁、废有色金属、废塑料、废纸、废轮胎、废弃电器电子产品、报废汽车、报废船舶、废玻璃、废电池等。

第五章　推动生产生活方式全面向绿色转型

新时代中国绿色低碳转型发展取得了巨大成就,一方面,能源绿色低碳转型取得重要进展,可再生能源装机规模突破10亿千瓦,水电、风电、太阳能发电、生物质发电装机均居世界第一,清洁能源消费占比从14.5%提升到25.5%,煤炭的清洁高效利用成效显著,煤电超低排放机组规模超过10亿千瓦,能效和排放水平全球领先。另一方面,节能减排成效显著。中国以年均3%的能源消费增速支撑了年均6.5%的经济增长,能耗强度累计下降26.2%,相当于少用14亿吨标准煤,少排放29.4亿吨二氧化碳,单位国内生产总值二氧化碳排放强度的下降超额完成了自主贡献目标。[1]

中国积极应对工业化、城镇化深入发展带来的生态环境问题,实现了传统产业结构升级,形成以第三产业为主体的产业结构,调整能源消耗结构,推动改善能源结构偏煤、能源利用效率偏低的情况,着力缓解资源环境约束矛盾,促进形成产业结构绿色化。

第二节　加快生活方式绿色化

习近平总书记指出要"倡导简约适度、绿色低碳的生活方式,反对奢侈浪费和不合理消费"[2]。习近平总书记在2018年全国生态环境保护大会上强调,要加快构建生态文明体系,加快建立健全以生态价值观念为准则的生态文化体系,以产业生态化和生态产业化为主体的生态经济体系,以改善生态环境质量为核心的目标责任体系,以治理体系和治理能力现代化为保障的生态文明制度体系,以生态系统良性循环和环境风险有效防控为重点的生态安全体系。要通过加快构建生态文明体系,确保到2035年,生态环境质量实现根本好转,美丽中国目标基本实现。

---

[1]《中共中央宣传部举行经济和生态文明领域建设与改革情况发布会 国家发展改革委负责同志出席》,国家发改委网站,2022年5月12日。

[2] 习近平:《论把握新发展阶段、贯彻新发展理念、构建新发展格局》,中央文献出版社2021年版,第205页。

到本世纪中叶，物质文明、政治文明、精神文明、社会文明、生态文明全面提升，绿色发展方式和生活方式全面形成，人与自然和谐共生，生态环境领域国家治理体系和治理能力现代化全面实现，建成美丽中国。《关于加快推进生态文明建设的意见》指出，要积极培育生态文化、生态道德，使生态文明成为社会主流价值观，成为社会主义核心价值观的重要内容。牢固树立生态文明思想，加快形成生活方式的绿色化转型，旨在推动把绿色理念转化为全体人民的自觉意识和自觉行动。

一、拓宽公众参与生态文明建设渠道

生态文明建设要坚持将人民群众看作生态环境建设的主体，全面提升人民群众的环境保护意识。《"十三五"生态环境保护规划》指出，要加大生态环境保护宣传教育，组织环保公益活动，开发生态文化产品，全面提升全社会生态环境保护意识。地方各级人民政府、教育主管部门和新闻媒体要依法履行环境保护宣传教育责任，把环境保护和生态文明建设作为践行社会主义核心价值观的重要内容，实施全民环境保护宣传教育行动计划。引导抵制和谴责过度消费、奢侈消费、浪费资源能源等行为，倡导勤俭节约、绿色低碳的社会风尚。鼓励生态文化作品创作，丰富环境保护宣传产品，开展环境保护公益宣传活动。建设国家生态环境教育平台，引导公众践行绿色简约生活和低碳休闲模式。小学、中学、高等学校、职业学校、培训机构等要将生态文明教育纳入教学内容。进入新时代，中国通过一系列政策措施，从参与渠道、评价反馈、行为规范鼓励公民参与环境保护事务，不断提高和保障公民参与的有效性。

拓宽和保护公民参与生态文明建设的渠道。2015年，环境保护部发布《环境保护公众参与办法》，强调环境保护公众参与应当遵循依法、有序、自愿、便利的原则，环境保护主管部门可以通过征求意见、问卷调查，组织召开座谈会、专家论证会、听证会等方式征求公民、法人和其他组织对环境保护相关事项或者活动的意见和建议，公民、法人和其他组织可以通过电话、信函、传真、网络等方式向环境保护主管部门提出意见和建议。《办法》对公众参与生态环境保护的各种方式、监督途径、保障举措做出详细规定，构建科学规范、通畅透明的公众参与环保事务渠道，支持和鼓励公众对环境保护公共事务进行舆论监督和社会监督，广泛凝聚社会力量，最大限度地形成治理环境污染和保护生态环境的合力。

在拓宽环境保护参与渠道的基础上，鼓励公民参与环境评价并提供反馈，有助于进一步提高公民参与的有效性。2018年，生态环境部审议通过《环境影响评价公众参与办法》，强调鼓励公众参与环境影响评价，保障公众环境保护的知情权、参与权、表达权和监督权。其中明确要求：专项规划编制机关应当在规划草案报送审批前，举行论证会、听证会，或者采取其他形式，征求有关单位、专家和公众对环境影响报告书草案的意见；建设单位应当依法听取环境影响评价范围内的公民、法人和其他组织的意见，并鼓励建设单位听取环境影响评价范围之外的公民、法人和其他组织的意见。《办法》明确规定了建设单位主体责任，将听取意见的公众范围明确为环境影响评价范围内公民、法人和其他组织，并鼓励建设单位听取范围外公众的意见；明确了公众意见的作用，优化了公众意见的调查方式，建立健全了采纳或不采纳公众意见后的反馈方式，提出了违反相关规定的惩戒措施，确保公众参与的有效性和真实性等。《办法》的出台，有助于推动构建以政府为主导、企业为主体、社会组织和公众共同参与的环境治理体系。

在具体的规范要求上，生态环境部、中央文明办、教育部、共青团中央、全国妇联等五部门于2018年6月联合发布《公民生态环境行为规范（试行）》，提出关注生态环境、节约能源资源、践行绿色消费、选择低碳出行、分类投放垃圾、减少污染产生、呵护自然生态、参加环保实践、参与监督举报、共建美丽中国等十个方面的行为规范要求，倡导简约适度、绿色低碳的生活方式，强化公民生态环境意识，引导公民成为生态文明的践行者和美丽中国的建设者，携手共建天蓝、地绿、水清的美丽中国。

二、加强生态文明宣传教育

生态文明建设需要党和政府的全面统筹、制度建构和政策安排，也需要全体人民的全力拥护、积极参与和共同推动。习近平总书记强调，"绿化祖国，改善生态，人人有责"[1]。并针对生活垃圾、水资源保护、植树造林、消费观等环境保护的各个方面都做出了重要指示：在生活垃圾方面，强调"节约资源，杜绝浪费，从源头上减少垃圾"[2]；针对水资源保护，强调"要深入开展节水型城市建设，使节约用水成为每个单位、每个家庭、每个人的自觉行动"[3]；在植树造林方面，强调"全国各族人民要一代人接着一代人干下去，坚定不移爱绿植绿护绿，把我国森林资源培育好、保护好、发展好，努力建设美丽中国"[4]；在消费观方面，强调"要在全社会牢固树立勤俭节约的消费观，树立节能就是增加资源、减少污染、造福人类的理念，努力形成勤俭节约的良好风尚。"[5]

从法律层面夯实环境保护思想基础。新修订的环境保护法规定，"各级人民政府应当加强环境保护宣传和普及工作"，"教育行政部门、学校应当将环境保护知识纳入学校教育内容"，"新闻媒体应当开展环境保护法律法规和环境保护知识的宣传，对环境违法行为进行舆论监督"。

制定和实施一系列强化环境宣传教育和提升公民生态文明意识的行动计划。在"十二五"、"十三五"和"十四五"三个时期，中国相继印发了一系列强化全社会环境意识的重要文件，指出各个时期的工作任务、重点及阶段性目标，加强环境宣传教育工作，持续推动建立全民参与环境保护的社会行动体系，为提高生态文明水平提供政策导向并营造

---

[1]《坚持全国动员全民动手植树造林 把建设美丽中国化为人民自觉行动》，《人民日报》2015年4月4日。

[2]《习近平看望慰问坚守岗位的一线劳动者》，《人民日报》2013年2月10日。

[3]《立足优势 深化改革 勇于开拓 在建设首善之区上不断取得新成绩》，《人民日报》2014年2月27日。

[4]《一代人接着一代人干下去 坚定不移爱绿植绿护绿》，《人民日报》2014年4月5日。

[5]《习近平关于社会主义生态文明建设论述摘编》，中央文献出版社2017年版，第118页。

良好的社会环境。

通过多种形式的活动全面培育和提高公民的生态文明意识。仅在2012年，全国就组织协调媒体采访、报道环境保护部重要会议活动262场，发布新闻通稿57篇；在"两会"、"6·5"世界环境日和党的十八大召开等重要时段，向社会公众介绍环保工作的进展、成效以及面临的困难；与新华社合办《环境》栏目，宣传环境保护；生态环境部等五部门联合发布《公民生态环境行为规范（试行）》，启动"美丽中国，我是行动者"主题实践活动。

广泛开展居民环境意识调查，通过调查数据分析中国生态价值观普及教育的发展现状和存在问题，并采取针对性的措施。2013年，环境保护部启动全国生态文明意识调查，报告显示：80%以上的受访者担忧当前的环境状况，对党和国家建设生态文明与美丽中国的战略目标高度认同。[1] 2020年，《公民生态环境行为调查报告（2020年）》显示，受访者普遍认为公民自身环境行为对保护生态环境"是重要的"，但不同领域践行程度呈现明显差异。与2019年调查结果相比，公众绿色生活方式程度总体有所提升，更多的受访者认为呵护自然生态、关注生态环境信息、践行绿色消费（改造利用或交流捐赠闲置物品方面）等行为对于保护环境的重要性，认同人数占比提高了10%—20%。在践行绿色消费和分类投放垃圾方面，经常改造利用或交流捐赠闲置物品的受访者人数占比增加了一倍，垃圾分类践行较好的人数占比增加了两成以上。[2]

三、做好环境与健康工作

"十三五"时期，中国环境与健康工作仍面临巨大压力。环境与健康问题基础数据缺乏、技术支撑不足问题依然突出，环境与健康管理制

---

[1] 环境保护部宣传教育司：《全国公众生态文明意识调查研究报告（2013年）》，中国环境出版社2015年版，第67—71页。

[2] 《〈公民生态环境行为调查报告（2020年）〉发布》，《中国环境监察》2020年第7期。

表 5-1 "十二五"至"十四五"时期增强全社会环境意识的重要文件

时期	名称	内容	阶段性目标
"十二五"期间	全国环境宣传教育行动纲要（2011—2015年）	强调以"服务中心，突出重点"，"创新形式，打造品牌"，"规范引导，有序参与"和"整合资源，形成合力"为基本原则，着力宣传环境保护对于更加注重民生、转变经济发展方式和优化经济结构增长的先进典型，传以环境保护以优化经济增长的新道路的新举措和新成效；着力推进污染减排，探索环保新道路的新举措和新成效；着力宣传形式，建立全民参与机制，积极统筹媒体和公众参与的力量，建立全民参与环境保护的社会行动体系，为建设资源节约型和环境友好型社会、提高生态文明水平营造浓厚舆论氛围和良好的社会环境。	扎实开展环境宣传活动，普及环境保护知识，增强全民环保意识，提高全民环境道德素质；加强舆论引导和舆论监督，增强环境新闻报道的吸引力，感召力导向力和影响力；加强宣传上下联动和部门互动，构建多层次、多形式、多渠道的全民环境教育培训机制，建立环境宣传教育统一战线，形成全民参与宣传教育的社会行动体系；建立和完善环境保护社会参与体制机制，进一步提高服务大局和中心工作的能力与水平。
"十三五"期间	全国环境宣传教育工作纲要（2016—2020年）	加大信息公开力度，增强舆论引导主动性；加强化建设，努力满足公众对生态环境保护的文化需求；加强面向社会公众的环保宣传工作，形成良好风尚；推进学校环境教育，培育青少年生态意识，积极促进公众参与，壮大环保社会力量。	到2020年，全民环境意识显著提高，生态文明主流价值观在全社会顺利推行。构建全民行动体系，推动形成自上而下和自下而上相结合的社会共治局面。积极践行公众知行合一，自觉履行环境保护义务，力戒奢侈浪费和不合理消费，使绿色生活方式深入人心。形成与全面建成小康社会相适应，人人、事事、时时崇尚生态文明的社会氛围。
"十四五"期间	"美丽中国，我是行动者"提升公民生态文明意识行动计划（2021—2025年）	2021年，在全社会广泛传播习近平生态文明思想及其实践成果，完善生态文明相关工作机制；2022年，深入开展学校教育和社会宣传，社会宣传、网络宣传、公众参与等生态文明思想宣传的良好机制，集中推进生态文明服务工作机制；2023年，推动生态文明志愿服务，建立生态文明各地方形成各具特色的生态文明宣传品牌，引导和指导地方各级党政机关、企事业单位、人民团体、社会组织积极主动参与生态文明建设；2024年，着力选树和模式推广生态文明宣传教育工作中优秀典型，加强先进经验完善情况总结和推广；2025年，对行动计划各项任务完成情况进行总结和全面评估，按照国家有关规定开展表彰奖励。	到2025年，习近平生态文明思想更加深入人心，"绿水青山就是金山银山"理念在全社会牢固树立并广泛实践，"人与自然和谐共生"的社会共识基本形成。公民生态文明意识普遍提高，自觉践行《公民生态环境行为规范（试行）》，力戒奢侈浪费浪费，把对美好生态环境的向往转化为行动自觉，生产生活方式绿色转型成效显著。导向鲜明，职责清晰，共建共享，创新高效，保障有力的生态环境治理全民行动体系基本建立。

度建设、公民环境与健康素养水平与经济社会发展的协调性亟待增强。

2017年,环境保护部印发《国家环境保护"十三五"环境与健康工作规划》,强调"十三五"期间推进环境与健康工作,要坚持预防为主,风险管理,综合运用法律、行政、经济政策和科技等多种手段,对具有高健康风险的环境污染因素进行主动管理,从源头预防、消除或减少环境污染,保障公众健康;要坚持完善制度,夯实基础,逐步建立健全环境与健康管理基本制度,做好与各项环境管理制度的衔接,掌握基本情况、基本数据,狠抓能力建设,不断提高环境与健康工作系统化、科学化、法治化、精细化和信息化水平;要坚持统筹兼顾,多元共治,统筹当前与长远、全面与重点、中央与地方以及跨部门协作等关系,发挥政府主导作用,鼓励和支持社会各方参与,因地制宜、分类施策,切实增强环境与健康工作的实效性。该规划强调通过推进调查和监制、强化技术支撑、加大科研力度、加快制度建设以及加强宣传教育等办法,掌握重点地区、重点行业主要污染物人群暴露水平和健康影响基本情况,建立环境与健康监测、调查和风险评估制度及标准体系,增强科技支撑能力,创新管理体制机制,提升环境决策水平,壮大工作队伍,推动公众积极参与并支持环境与健康工作。

四、加强环境保护人才队伍建设

加强环境保护人才队伍建设是推动公众生态文明意识有效提升和高质量提升的重要举措。2011年,环保部等多部门印发《生态环境保护人才发展中长期规划(2010—2020年)》的通知,其中指出,将用5至10年建设一支数量充足、素质优良、结构优化、布局合理的生态环保人才队伍,使人才队伍总体建设与生态环保事业发展的总体要求相一致。

《规划》实施以来,取得多方面成果:一是人才规模不断壮大。截至2020年底,生态环保人才总量约24.3万人,比2010年增长35.8%。二是人才队伍素质大幅度提升。人才队伍中,硕士以上人才总量比2010年增长了120%,高级职称人才增长了50%。三是人才队伍的年龄结构更趋年轻化。2020年,生态环保人才队伍中占比将近半数的是40岁以下人员，约10.4万人〔1〕。四是人才队伍结构进一步优化。近年来，生态环保人才队伍的专业分布、区域分布和部门分布逐步实现优化与合理。西部地区、县乡基层生态环保人才队伍数量增加的速度高于总体平均水平，尤其在重点业务领域、急需紧缺专业的生态环保人才队伍建设得到显著增强。五是人才发展环境进一步改善。近年来生态环保人才发展的资金投入大幅度增加，人才发展的体制机制创新取得突破性进展，人才发展的基础支撑能力不断提升。

第三节　促进空间格局绿色化

习近平总书记指出，"建设人与自然和谐共生的现代化，必须把保护城市生态环境摆在更加突出的位置，科学合理规划城市的生产空间、生活空间、生态空间，处理好城市生产生活和生态环境保护的关系，既提高经济发展质量，又提高人民生活品质。"〔2〕中国着力改善城市空气质量，强化城市水环境治理，提升城市垃圾处理能力，提高生活垃圾减量化、资源化、无害化水平，改善城市人居环境，提高市民生活质量，推动形成空间格局绿色化。

一、全面改善城市空气质量

随着工业化、城市化的发展，城市空气污染已经成为影响市民生活的严重问题。习近平总书记指出，大气污染防治是北京发展面临的突出问题，要加大大气污染治理力度，应对雾霾污染，强调"要以京津冀及周边、长三角、汾渭平原等为主战场，以北京为重点，以空气质量明显改善为刚性要求，强化联防联控，基本消除重污染天气，还老百姓蓝天

---

〔1〕蒋洪强、卢亚灵：《加强新时代生态环保人才队伍建设》，光明网，2021年10月18日。
〔2〕《贯彻新发展理念构建新发展格局　推动经济社会高质量发展可持续发展》，《人民日报》2020年11月15日。

白云、繁星闪烁。"[1]

中国高度重视城市空气污染的治理工作，优化环境空气质量标准，强化城市空气环境监测，加强对重点区域和重点城市的空气污染治理，强化对重污染天气应对，加强重点地区大气污染防治专项执法检查，城市空气和重点区域空气质量取得全面提升。

2012年，国务院常务会议审议通过并同意发布《环境空气质量标准》（GB 3095-2012）。新标准体现了调整、增设、收严、更新8个字，调整了污染物项目及限值；增设了PM2.5平均浓度限值和臭氧8小时平均浓度限值；收紧了PM10等污染物的浓度限值；收严了监测数据统计的有效性规定，将有效数据要求由原来的50%—75%提高至75%—90%；更新了二氧化硫、二氧化氮、臭氧、颗粒物等污染物项目的分析方法，增加了自动监测分析方法；明确了标准分期实施的规定，依据《中华人民共和国大气污染防治法》，规定不达标的大气污染防治重点城市应当依法制定并实施达标规划。总体上看，新的《环境空气质量标准》中污染物控制项目实现了与国际接轨。[2]《环境空气质量标准》的发布，标志着环境保护工作的重点开始从污染物排放总量控制管理阶段向环境质量管理阶段、从控制局地污染向区域联防联控、从控制一次污染物向控制二次污染物、从单独控制个别污染物向多污染物协同控制转变。2018年，按照大气污染防治法相关规定和国务院印发的《打赢蓝天保卫战三年行动计划》要求，生态环境部发布《环境空气质量标准》（GB 3095-2012）修改单：一是将关于监测状态统一采用标准状态，修改为气态污染物监测采用参考状态（25℃、1个标准大气压），颗粒物及其组分监测采用实况状态（监测期间实际环境温度和压力状态）；二是增加了开展环境空气污染物浓度监测同时要监测记录气温、气压等气象参数的规定。环境空气质量标准的调整，表明了中国城市空气治理工作

---

[1] 习近平：《论把握新发展阶段、贯彻新发展理念、构建新发展格局》，中央文献出版社2021年版，第262页。

[2]《环境空气质量新标准强调以保护人体健康为首要目标》，国新网，2012年3月2日。

与时俱进、精益求精的严谨态度。

强化城市空气环境监测。推动《环境空气质量标准》（GB 3095-2012）分期、分区在全国范围内实施的办法。2012年底，京津冀、长三角、珠三角等重点区域以及直辖市、省会城市和计划单列市共74个城市的496个国家环境空气监测网监测点位开展细颗粒物（PM2.5）等项目监测，并在2013年按照《环境空气质量标准》（GB 3095-2012）要求，监测和实时发布二氧化硫（SO_2）、二氧化氮（NO_2）、可吸入颗粒物（PM10）、臭氧（O_3）、一氧化碳（CO）和细颗粒物等6项基本项目的实时监测数据和AQI指数等信息，这标志着空气质量新标准第一阶段监测实施任务圆满完成。2015年，全国338个地级及以上城市1436个监测点位全部开展空气质量新标准监测，并实时发布PM2.5等6项指标监测数据和空气质量指数。31个省（区、市）全部完成省级空气质量监测预警系统建设，32个计划单列市和省会城市全部完成市级空气质量监测预警系统建设，全面落实《大气污染防治行动计划》提出的各项监测任务。[1]至2020年，中国空气质量自动监测站点已经达到5000余个，覆盖全部地级及以上城市及部分区县，初步建成国家—区域—省级—城市四级空气质量预报体系和联合会商机制，区域和省级基本具备7到10天空气质量预报能力，准确率达到80%以上，为重污染天气应对和重大活动环境质量保障提供了有力支撑。

加强对重点地区的空气污染治理。其一，制定重点区域空气治理规划。2012年，国务院批复《重点区域大气污染防治"十二五"规划》，将京津冀、长三角、珠三角等13个重点区域纳入规划范围，涉及19个省的117个地级及以上城市，明确提出"到2015年，空气中PM10、SO_2、NO_2、PM2.5年均浓度分别下降10%、10%、7%、5%"的目标。其二，加强对重点区域重污染天气监测和治理。2013年，中国气象局和环境保护部门联合发布《京津冀及周边地区重污染天气监测预警方案（试行）》，编制《京津冀及周边地区重污染天气监测预警实施细则（试

---

[1]《省级空气质量监测预警系统全部建成》，《人民日报》2016年1月25日。

行）》，规定 2013 年 10 月 1 日起每日开展京津冀区域环境空气质量预报。其三，加强区域协同，实行联防联控。2014 年，环保部配合京津冀及周边地区、长三角、珠三角地区大气污染防治协作机制开展工作，加强区域协作，实行联防联控，完成重点城市大气颗粒物来源研究，在共同解决区域性大气污染方面发挥积极作用。2014 年，环保部、中科院和中国工程院三部门联合工作，完成了京津冀、长三角和珠三角地区 9 个重点城市源解析论证工作。

加强重点时期空气污染治理。2014 年，环保部会同京津冀、长三角协作机制编制印发《京津冀及周边地区 2014 年亚太经济合作组织会议空气质量保障方案》和《第二届夏季青年奥林匹克运动会环境质量保障工作方案》。2015 年在中国人民抗日战争暨世界反法西斯战争胜利 70 周年纪念活动期间，环保部与相关省市密切配合，通过联防联控协同治污，严格执法，强化督查，积极做好空气质量监测预测等措施，圆满完成纪念活动空气质量保障任务。

强化大气污染防治专项执法检查。2013 年，环保部在大气污染防治的重点地区启动了大气污染防治专项检查。2014 年到 2016 年，环保部持续在京津冀"2+26"城市等重点区域开展大气污染防治专项执法检查。2017 年，环保部调集 5600 名执法人员在京津冀"2+26"城市持续一年进行大气污染防治强化督查，该督查因为规模大、持续时间长，被称为"史上最强、持续时间最长"的督查。2019 年，实施《蓝天保卫战重点区域强化监督定点帮扶工作方案》细则，生态环境部开展的重点区域大气污染防治强化监督也更名为"强化监督定点帮扶"，按照"五个精准"的要求，实施专项监督和常态帮扶相结合的新机制。专项监督聚焦重点行业、园区、集群和企业，开展机动化、点穴式监督检查，有效传导监督压力。常态帮扶针对空气质量改善压力较大的重点城市，开展有温度的督促指导，送政策、送技术、送服务，充分发挥帮扶效能。

城市空气和重点区域空气质量取得全面提升。2013 年，京津冀、长三角、珠三角等重点区域及直辖市、省会城市和计划单列市共 74 个城市按照新标准开展监测,空气质量超标城市比例为95.9%,京津冀和珠三角区域所有城市均未达标,长三角区域仅舟山在六项污染物监测方面全部达标。经过几年的积极治理,《中国生态环境状况公报(2020)》显示,全国337个地级及以上城市平均优良天数比例为87.0%,京津冀及周边地区"2+26"城市平均优良天数比例为63.5%,长三角地区41个城市平均优良天数比例为85.2%。[1] 2021年,全国空气质量持续向好,地级及以上城市空气质量优良天数比例为87.5%。其中,北京市空气中细颗粒物、二氧化硫、二氧化氮、可吸入颗粒物年平均浓度、一氧化碳和臭氧浓度分别为33微克/立方米、3微克/立方米、26微克/立方米、55微克/立方米、1.1毫克/立方米和149微克/立方米,六项大气污染物浓度值首次全部达到国家二级标准,实现了自1998年大规模开展大气污染治理工作以来空气质量首次全面达标。[2]

二、深度优化城市水环境

水是城市诞生的摇篮,也是城市发展的命脉,水环境的优劣关系城市的生存、城市的发展和市民的生活。中国着力提升城市污水处理能力,强化城市水质监测,消除黑臭水体,深度优化城市水环境。

提升城市污水处理能力。2013年,全国城市污水处理率为89.21%。此后,国家通过建成修建污水管网、污水处理厂、增加污水处理设施,大幅度提高污水处理能力。2015年底,城镇污水日处理能力达到1.82亿吨,城市污水处理率达91.97%,中国已成为全世界污水处理能力最大的国家之一。[3] 至2020年,全国城市污水处理厂有2618座,处理能力为19267万立方米/日,污水年排放量为5713633万立方米,污水年处理量为5572782万立方米,城市污水处理率为97.53%,全国干污泥产生量为11627678吨,干污泥处置量为11160222吨。城市市政再生水

---

[1] 生态环境部:《中国生态环境状况公报(2020)》,2021年5月24日。

[2] 《年度生态环境公报显示——北京五大水系水质明显改善》,《人民日报》2022年5月12日。

[3] 环境保护部:《重点流域水污染防治规划(2016—2020年)》,2017年10月19日。

生产能力为6095万立方米/日，市政再生水利用量为1353832万立方米。[1]

强化水质监测。2012年，全国198个地市级行政区开展了地下水水质监测，监测点总数为4929个，其中国家级监测点800个。依据《地下水质量标准》（GB/T 14848-93），综合评价结果为水质呈优良级的监测点580个，占全部监测点的11.8%；水质呈良好级的监测点1348个，占27.3%；水质呈较好级的监测点176个，占3.6%；水质呈极差级的监测点826个，占16.8%。通过持续推进集中式饮用水水源地环境整治，2019年，899个县级水源地3626个问题中整治完成3624个，累计完成2804个水源地10363个问题整改，7.7亿居民饮用水安全保障水平得到巩固提升。至2020年，监测的902个地级及以上城市在用集中式生活饮用水水源断面（点位）中，852个全年均达标，占比94.5%。其中，地表水水源监测断面（点位）598个，584个全年均达标，占比97.7%。[2]

消除黑臭水体。2015年，国务院颁布《水污染防治行动计划》，提出"到2020年，地级及以上城市建成区黑臭水体均控制在10%以内，到2030年，城市建成区黑臭水体总体得到消除"的控制性目标。2015年，住建部和环保部联合发布《城市黑臭水体整治工作指南》，对城市黑臭水体整治工作的目标、原则、工作流程等，均作出了明确规定，并对城市黑臭水体的识别、分级、整治方案编制方法以及整治技术的选择和效果评估、政策机制保障提出了明确的要求。到2015年底前，地级及以上城市建成区应完成水体排查，公布黑臭水体名称、责任人及达标期限；2017年底前，地级及以上城市建成区应实现河面无大面积漂浮物，河岸无垃圾，无违法排污口；直辖市、省会城市、计划单列市建成区基本消除黑臭水体。2019年，全国295个地级及以上城市2899个黑臭水体中，已完成整治2513个，消除率为86.7%，其中36个重点城

---

[1] 住房和城乡建设部编：《中国城乡建设统计年鉴（2020）》，中国统计出版社2021年版，第56页。

[2]《生态环境部发布2020年全国生态环境质量简况》，生态环境部网站，2021年3月2日。

市（直辖市、省会城市、计划单列市）消除率为96.2%，其他城市消除率为81.2%，昔日"臭水沟"变成今日"后花园"，周边群众获得感明显增强。至2020年底，全国地级以上城市2914个黑臭水体消除比例达到98.2%。[1]

三、推进"无废城市"建设

"无废城市"是以创新、协调、绿色、开放、共享的新发展理念为引领，通过推动形成绿色发展方式和生活方式，持续推进固体废物源头减量和资源化利用，最大限度减少填埋量，将固体废物环境影响降至最低的城市发展模式，是一种先进的城市管理理念。

随着社会经济的发展，中国固体废物产生量逐年增长，《第一次全国污染源普查公报》显示，工业固体废物产生量38.52亿吨，综合利用量18.04亿吨，处置量4.41亿吨，倾倒丢弃量4914.87万吨。工业源中危险废物产生量4573.69万吨，综合利用量1644.81万吨，处置量2192.76万吨，本年贮存量812.44万吨，倾倒丢弃量3.94万吨。这些工业固体废物往往集中在城市地区，《2014年全国大中城市固体废物污染环境防治年报》显示，2013年，全国共有261个大、中城市向社会发布了固体废物污染环境防治信息，经统计，大、中城市一般工业固体废物产生量为238306.23万吨，工业危险废物产生量为2937.05万吨，医疗废物产生量约为54.75万吨，生活垃圾产生量约为16148.81万吨。其中，综合利用量146535.66万吨，处置量70815.70万吨，贮存量19744.98万吨，倾倒丢弃量57.85万吨。一般工业固体废物综合利用量占利用处置总量的61.79%，处置、贮存和倾倒丢弃分别占比29.86%、8.33%和0.02%。

2012年，环保部、国家发改委、工信部以及卫生部联合发布《"十二五"危险废物污染防治规划》，指出要进一步提高无害化利用处

---

[1]《生态环境部发布2019年度〈水污染防治行动计划〉实施情况》，生态环境部网站，2020年5月16日；《"十四五"期间我国将基本消除黑臭水体》，生态环境部网站，2022年7月18日。

置保障能力，提升全过程监管能力，有效遏制非法转移倾倒行为，综合运用法律、行政、经济和技术等手段，不断提高危险废物污染防治水平，降低危险废物环境风险，并采取了各项对应治理方式。《"十二五"危险废物污染防治规划》中提出多方面治理目标，包括：利用处置指标方面，完成铬渣污染综合整治任务，持证单位危险废物（不含铬渣）年利用处置量比2010年增加75%以上；市级以上重点危险废物产生单位自行利用处置危险废物基本实现无害化；设市城市（包括县级市、地级市和直辖市）医疗废物基本实现无害化处置。设施建设和运行指标方面，完成《设施建设规划》内医疗废物和危险废物集中处置设施建设任务；《设施建设规划》内危险废物（不含医疗废物）焚烧设施负荷率达到75%以上。规范化管理指标方面，全国危险废物产生单位的危险废物规范化管理抽查合格率达到90%以上，危险废物经营单位的危险废物规范化管理抽查合格率达到95%以上。"十二五"期间，该规划各项指标要求圆满达成，到2015年，基本摸清危险废物底数，规范化管理水平大幅提高，环境风险显著降低。其中，全国设市城市基本建立起较完善的医疗废物收运机制和收费制度，并探索将医疗废物无害化处置情况和处置费缴纳情况纳入《医疗机构执业许可证》年审考核指标体系。

2018年，由生态环境部牵头，会同18个部门和单位共同编制完成《"无废城市"建设试点工作方案》，提出"无废城市"管理理念，旨在最终实现整个城市固体废物产生量最小、资源化利用充分、处置安全的目标。具体的实施方案为：在全国范围内选择10个左右有条件、有基础、规模适当的城市，在全市内开展"无废城市"建设试点。生态环境部会同相关部门筛选，确定了广东省深圳市、内蒙古自治区包头市、安徽省铜陵市、山东省威海市、重庆市（主城区）、浙江省绍兴市、海南省三亚市、河南省许昌市、江苏省徐州市、辽宁省盘锦市、青海省西宁市、河北雄安新区、北京经济技术开发区、中新天津生态城、福建省光泽县、江西省瑞金市作为"11+5"个"无废城市"建设试点城市和地区。《方案》明确了六项重点任务，包括强化顶层设计引领，发挥政府宏观指导作用；实施工业绿色生产，推动大宗工业固体废物贮存处置总量趋零增长；推行农业绿色生产，促进主要农业废弃物全量利用；践行绿色生活方式，推动生活垃圾源头减量和资源化利用；提升风险防控能力，强化危险废物全面安全管控；激发市场主体活力，培育产业发展新模式。

2020年4月，十三届全国人大常委会第十七次会议审议通过新修订的《中华人民共和国固体废物污染环境防治法》，并决定自当年9月1日起施行。该法从明确固体废物污染环境防治坚持减量化、资源化和无害化原则，强化政府及其有关部门监督管理责任，完善工业固体废物污染环境防治制度，完善生活垃圾污染环境防治制度，完善建筑垃圾、农业固体废物等污染环境防治制度，完善危险废物污染环境防治制度，健全保障机制，严格法律责任等方面，健全固体废物污染环境防治长效机制，用最严格制度最严密法治保护生态环境。

进入新时代，中国城市环境建设水平和固体废物处理水平获得极大提升。2019年底，196个大、中城市工业危险废物产生量达4498.9万吨，综合利用量2491.8万吨，占利用处置及贮存总量的47.2%。城市医疗废物产生量84.3万吨，产生的医疗废物都得到了及时妥善处置。城市生活垃圾产生量23560.2万吨，处理量23487.2万吨，处理率达99.7%。[1]

城市化是人类文明的产物，是现代化的显著特征之一。为全面建设社会主义现代化国家开好局、起好步，必须持续将生态文明建设作为事关人民群众切身利益的大事来谋划和推进，通过大力实施城市生态修复和功能完善工程，坚持以资源环境承载能力为刚性约束条件，以建设美好人居环境为目标，全面改善城市空气质量、优化城市水环境、完善城市废物回收利用系统，加强绿色生态网络建设，推动形成空间格局的绿色化转型。

---

[1] 生态环境部：《2020年大、中城市固体废物污染环境防治年报》，2020年12月。

第四节　统筹推进生态文明建设和疫情防控工作

2019年12月，新冠肺炎疫情暴发以来，支撑保障疫情防控成为中国各方面工作的重点内容。2020年2月，习近平总书记在统筹推进新冠肺炎疫情防控和经济社会发展工作部署会议上要求各条战线要各司其职，主动担责，"采取有力措施支持抗击疫情斗争"[1]。全国生态环境系统狠抓落实，不断强化相关环境监管和服务措施，全力支撑保障打赢疫情防控的人民战争、总体战、阻击战。

一、扎实做好"六稳"工作、全面落实"六保"任务的重大决策

2020年3月，为统筹做好疫情防控和经济社会发展生态环保工作，生态环境部启动建立和实施监督执法正面清单，驻部纪检监察组发挥"监督的再监督"作用，以有力监督推进有效监管，监督驻在部门在疫情防控常态化前提下，牢牢把握生态环境保护的战略定力，坚持精准治污、科学治污、依法治污，充分发挥监督执法正面清单作用，在支持服务"六稳""六保"的同时，扎实推进生态环境治理，确保如期完成污染防治攻坚战阶段性目标任务。

2020年6月，生态环境部发布《关于在疫情防控常态化前提下积极服务落实"六保"任务　坚决打赢打好污染防治攻坚战的意见》，强调要顺应疫情防控常态化新形势，积极服务落实"六保"任务，精准扎实推进生态环境治理，确保如期完成全面建成小康社会、"十三五"规划以及污染防治攻坚战阶段性目标任务。该意见强调，扎实推进生态环境治理各项工作，确保到2020年底实现污染防治攻坚战阶段性目标，生态环境质量总体改善，主要污染物排放总量持续减少，环境风险得到

---

[1] 习近平：《在统筹推进新冠肺炎疫情防控和经济社会发展工作部署会议上的讲话》，人民出版社2020年版，第4页。

有效管控,生态环境保护水平同全面建成小康社会目标相适应。其中,"十三五"规划确定的生态环境保护约束性指标必须确保完成,已经完成的指标要持续向好,不能倒退变差,坚决打赢打好污染防治攻坚战。同时,部分预期性指标,如地级及以上城市重度及以上污染天数比例下降25%、重点地区重点行业挥发性有机物排放总量减少10%、重要江河湖泊水功能区水质达标率达到80%以上、近岸海域水质优良(Ⅰ、Ⅱ类)比例达到70%左右、重点生态功能区所属县域生态环境状况指数达到60.4以上等也要力保如期实现,为决胜全面建成小康社会作出新贡献。

同年,生态环境部实施环评审批和监督执法"两个正面清单",3.5万个建设项目环评实施告知承诺制审批,8.4万余家企业纳入执法正面清单管理。开展非现场检查32.6万余次,各地通过电话、网络等方式对各类企业帮扶19.8万余次,有力支持企业复工复产和经济社会发展秩序加快恢复。[1]同时,持续深化"放管服"改革,继续做好国家、地方、利用外资重大项目"三本台账"审批服务,实施清单化管理。发布《建设项目环境影响评价分类管理名录(2021年版)》,进一步减少环评审批数量,大幅压缩登记表备案项目数量。印发《关于严惩弄虚作假提高环评质量的意见》,开展环评报告书常态化复核,持续加强事中事后监管,严肃查处环评弄虚作假行为。

二、做好医疗废物处置

为了进一步加强医疗机构废弃物的综合治理,保障人民群众身体健康和环境安全,2020年2月,国家卫健委、生态环境部、国家发改委等十部门联合印发《医疗机构废弃物综合治理工作方案》,提出要从做好医疗机构内部废弃物分类和管理、做好医疗废物处置、做好生活垃圾管理、做好输液瓶(袋)的回收利用、开展医疗机构废弃物专项整治、保障各项措施落实、做好宣传引导以及开展总结评估等八个方

---

[1] 黄润秋:《深入贯彻落实十九届五中全会精神 协同推进生态环境高水平保护和经济高质量发展》,生态环境部网站,2021年1月21日。

面，做好医疗废物处理。

《方案》提出：加强废弃物的分类及源头管理，将医疗机构产生的医疗废物、生活垃圾、输液瓶（袋）等进行分类管理。在做好分类的基础上，要求医疗机构严格做好废弃物的分类投放、分类收集、分类贮存、分类交接、分类转运等工作；解决医疗废物集中处置设施不足的问题，明确要求，未达标省份要在2020年底前实现每个地级以上城市至少建成一个符合运行要求的医疗废物集中处置设施。到2022年6月底，实现每个县（市）都建成医疗废物收集转运处置体系；解决输液瓶（袋）回收利用的问题，明确了"闭环管理、定点定向、全程追溯"的原则。特别是在回收利用环节，由地方出台政策措施，确保辖区内分别至少有一家回收和利用企业或一家回收利用一体化企业，确保辖区内医疗机构输液瓶（袋）回收和利用全覆盖，并做到定点定向；开展多部门专项整治，在全国范围内开展废弃物专项整治行动。重点整治医疗机构不规范分类和贮存、登记和交接废弃物、虚报瞒报医疗废物产生量、非法倒卖医疗废物，医疗机构外医疗废物处置脱离闭环管理、医疗废物集中处置单位无危险废物经营许可证，有关企业违法违规回收和利用医疗机构废弃物等行为；完善相关保障措施和工作机制，部门之间加强信息沟通并建立协同机制，促进医疗机构产生的各类废弃物及时得到处置。落实各类废弃物的处置政策，合理减轻医疗机构处置的费用负担。

2020年3月，生态环境部发布《关于统筹做好疫情防控和经济社会发展生态环保工作的指导意见》，其中要求落实"两个100%"——以全国所有医疗机构及设施环境监管和服务100%全覆盖，医疗废物、废水及时有效收集转运和处理处置100%全落实为主要目标，全力以赴做好疫情防控相关环保工作。在2020年新冠肺炎疫情暴发初期，中国很快实现了医疗废物"应收尽收、应处尽处"，基本实现"日产日清"，至当年4月10日，全国医疗废物处置能力为6074吨/天，相比疫情前的4902.8吨/天提高了23.9%。[1]

---

[1]《医疗废物基本实现日产日清》，《人民日报》2020年4月13日。

第六章　着力解决突出环境问题

习近平总书记指出,"良好生态环境是最公平的公共产品,是最普惠的民生福祉"[1]。良好生态环境是实现中华民族永续发展的内在要求,是增进民生福祉的优先领域,是建设美丽中国的重要基础。党的十八大以来,中国着力打赢污染防治攻坚战,深入实施大气、水、土壤污染防治三大行动计划,打好蓝天、碧水、净土保卫战,开展农村人居环境整治,解决一批突出环境问题,推动污染防治的措施之实、力度之大、成效之显著前所未有,生态环境明显改善,人民群众获得感显著增强,厚植了全面建成小康社会的绿色底色和质量成色。

第一节　深入打好污染防治攻坚战

进入新时代,中国下大力气做好大气、水、土壤污染防治。从"十二五"时期下决心解决好大气、水、土壤等突

---

[1]《习近平关于全面深化改革论述摘编》,中央文献出版社2014年版,第107页。

出环境问题,到"十三五"时期展开坚决打好污染防治攻坚战,再到"十四五"期间提出深入打好污染防治攻坚战,充分体现了以习近平同志为核心的党中央对生态文明建设的高度重视。

一、全面部署"坚决打好污染防治攻坚战"

习近平总书记强调:"环境保护和治理要以解决损害群众健康的突出环境问题为重点,坚持预防为主、综合治理,强化大气、水、土壤等污染防治"[1]。中国提出一系列新理念新思想新战略,并以全力打好大气、水、土壤污染防治三大战役作为生态环境治理的重要举措。

习近平总书记指出:"我们在生态环境方面欠账太多了,如果不从现在起就把这项工作紧紧抓起来,将来付出的代价会更大。在这个问题上,我们没有别的选择。"[2]2013年,政府工作报告提出,要下决心解决好关系群众切身利益的大气、水、土壤等突出环境污染问题,改善环境质量,维护人民健康,用实际行动和成效让人民看到希望。2014年,政府工作报告要求出重拳强化污染防治,深入实施大气污染防治行动计划,实施清洁水行动计划、土壤修复工程。2015年,政府工作报告要求打好节能减排和环境治理攻坚战,深入实施大气污染防治行动计划,实施水污染防治行动计划,加强土壤污染防治。2016年,政府工作报告要求"深入实施大气、水、土壤污染防治行动计划,加强生态保护和修复。"[3]2017年,政府工作报告强调"坚决打好蓝天保卫战","强化水、土壤污染防治。"[4]

2018年,习近平总书记在全国生态环境保护大会上强调坚决打好污染防治攻坚战,指出要把解决突出生态环境问题作为民生优先领域。坚决打赢蓝天保卫战是重中之重,要以空气质量明显改善为刚性要求,强

---

[1]《习近平关于社会主义生态文明建设论述摘编》,中央文献出版社2017年版,第84页。
[2]《习近平总书记系列重要讲话读本》,人民出版社、学习出版社2014年版,第123页。
[3]《十八大以来重要文献选编》(下),中央文献出版社2018年版,第262页。
[4]《十八大以来重要文献选编》(下),中央文献出版社2018年版,第641页。

化联防联控，基本消除重污染天气，还老百姓蓝天白云、繁星闪烁。要深入实施水污染防治行动计划，保障饮用水安全，基本消灭城市黑臭水体，还给老百姓清水绿岸、鱼翔浅底的景象。要全面落实土壤污染防治行动计划，突出重点区域、行业和污染物，强化土壤污染管控和修复，有效防范风险，让老百姓吃得放心、住得安心。要持续开展农村人居环境整治行动，打造美丽乡村，为老百姓留住鸟语花香田园风光。

2018年6月，中共中央、国务院发布《关于全面加强生态环境保护坚决打好污染防治攻坚战的意见》，强调以坚持保护优先、强化问题导向、突出改革创新、注重依法监管、推进全民共治为基本原则，从推动形成绿色发展方式和生活方式、坚决打赢蓝天保卫战、着力打好碧水保卫战、扎实推进净土保卫战、加快生态保护与修复、改善完善生态环境治理体系等方面"全面加强生态环境保护，坚决打好污染防治攻坚战"，并明确坚决打好污染防治攻坚战的总体目标是：到2020年，生态环境质量总体改善，主要污染物排放总量大幅减少，环境风险得到有效管控，生态环境保护水平同全面建成小康社会目标相适应。

《意见》全面部署了蓝天保卫战、碧水保卫战、净土保卫战。其一，坚决打赢蓝天保卫战。编制实施打赢蓝天保卫战三年作战计划，以京津冀及周边、长三角、汾渭平原等重点区域为主战场，调整优化产业结构、能源结构、运输结构、用地结构，强化区域联防联控和重污染天气应对，进一步明显降低PM2.5浓度，明显减少重污染天数，明显改善大气环境质量，明显增强人民的蓝天幸福感。主要途径包括加强工业企业大气污染综合治理、大力推进散煤治理和煤炭消费减量替代、打好柴油货车污染治理攻坚战、强化国土绿化和扬尘管控以及有效应对重污染天气。其二，着力打好碧水保卫战。深入实施水污染防治行动计划，扎实推进河湖长制，坚持污染减排和生态扩容两手发力，加快工业、农业、生活污染源和水生态系统整治，保障饮用水安全，消除城市黑臭水体，减少污染严重水体和不达标水体。主要途径包括打好水源地保护攻坚战、打好城市黑臭水体治理攻坚战、打好长江保护修复攻坚战、打好渤海综合治理攻坚战以及打好农业农村污染治理攻坚战。其三，扎实推进净土保卫战。全面实施土壤污染防治行动计划，突出重点区域、行业和污染物，有效管控农用地和城市建设用地土壤环境风险。主要途径包括强化土壤污染管控和修复、加快推进垃圾分类处理以及强化固体废物污染防治。《意见》强调要加快生态保护与修复，坚持自然恢复为主，统筹开展全国生态保护与修复，全面划定并严守生态保护红线，提升生态系统质量和稳定性；强调要改革完善生态环境治理体系，深化生态环境保护管理体制改革，完善生态环境管理制度，加快构建生态环境治理体系，健全保障举措，增强系统性和完整性，大幅提升治理能力。

习近平总书记指出，打好污染防治攻坚战时间紧、任务重、难度大，是一场大仗、硬仗、苦仗，必须加强党的领导，"要建立科学合理的考核评价体系，考核结果作为各级领导班子和领导干部奖惩和提拔使用的重要依据。"[1]《意见》中强调要"强化考核问责"，要求制定对省（自治区、直辖市）党委、人大、政府以及中央和国家机关有关部门污染防治攻坚战成效考核办法，对生态环境保护立法执法情况、年度工作目标任务完成情况、生态环境质量状况、资金投入使用情况、公众满意程度等相关方面开展考核。2020年4月，中共中央办公厅、国务院办公厅印发《省（自治区、直辖市）污染防治攻坚战成效考核措施》，提出由中央生态环境保护督察工作领导小组牵头组织对各省（自治区、直辖市）党委、人大、政府污染防治攻坚战的成效进行考核。考核涉及党政主体责任落实、生态环境保护立法和监督情况等五项内容，并将考核结果作为对省级党委、人大、政府领导班子和领导干部综合考核评价、奖惩任免的重要依据，作为生态环境保护相关财政资金分配的参考依据。该措施明确了考核工作的总体要求、关键环节、重点任务以及相关机制安排，具有很强的针对性、科学性和可操作性。

---

[1] 习近平：《论把握新发展阶段、贯彻新发展理念、构建新发展格局》，中央文献出版社2021年版，第267页。

二、整体谋划"深入打好污染防治攻坚战"

习近平总书记指出:"现在,人民群众对生态环境质量的期望值更高,对生态环境问题的容忍度更低。要集中攻克老百姓身边的突出生态环境问题,让老百姓实实在在感受到生态环境质量改善。要坚持精准治污、科学治污、依法治污,保持力度、延伸深度、拓宽广度,持续打好蓝天、碧水、净土保卫战。"[1] 2020年,污染防治攻坚战阶段性目标任务超额完成,但中国生态环境保护结构性、根源性、趋势性压力总体上尚未根本缓解,重点区域、重点行业污染问题仍然突出,实现碳达峰、碳中和任务艰巨,生态环境保护任重道远。

站在新的历史起点,党的十九届五中全会提出"深入打好污染防治攻坚战",污染防治攻坚战从"坚决打好"转向"深入打好"。2021年11月,中共中央、国务院发布《关于深入打好污染防治攻坚战的意见》,提出"以更高标准打好蓝天、碧水、净土保卫战,以高水平保护推动高质量发展、创造高品质生活,努力建设人与自然和谐共生的美丽中国。"

《意见》从加快推动绿色低碳发展、深入打好蓝天保卫战、深入打好碧水保卫战、深入打好净土保卫战、切实维护生态环境安全、提高生态环境治理现代化水平、加强组织实施等七个方面作出部署,提出一系列任务目标,包括:到2025年,生态环境持续改善,主要污染物排放总量持续下降,单位国内生产总值二氧化碳排放比2020年下降18%,地级及以上城市PM2.5浓度下降10%,空气质量优良天数比例达到87.5%,地表水Ⅰ—Ⅲ类水体比例达到85%,近岸海域水质优良(Ⅰ、Ⅱ类)比例达到79%左右,重污染天气、城市黑臭水体基本消除,土壤污染风险得到有效管控,固体废物和新污染物治理能力明显增强,生态系统质量和稳定性持续提升,生态环境治理体系更加完善,生态文明建设实现新进步。到2035年,广泛形成绿色生产生活方式,碳排放达峰

---

[1] 习近平:《论把握新发展阶段、贯彻新发展理念、构建新发展格局》,中央文献出版社2021年版,第540—541页。

第六章　着力解决突出环境问题

后稳中有降,生态环境根本好转,美丽中国建设目标基本实现。

《意见》强调要加快推动绿色低碳发展,深入推进碳达峰行动、聚焦国家重大战略打造绿色发展高地、推动能源清洁低碳转型、坚决遏制高耗能高排放项目盲目发展、推进清洁生产和能源资源节约高效利用、加强生态环境分区管控、加快形成绿色低碳生活方式。《意见》对深入打好蓝天保卫战、碧水保卫战和净土保卫战作了全面部署,在打好蓝天保卫战方面要求着力打好重污染天气消除攻坚战、着力打好臭氧污染防治攻坚战、持续打好柴油货车污染治理攻坚战以及加强大气面源和噪声污染治理,在打好碧水保卫战方面要求持续打好城市黑臭水体治理攻坚战、持续打好长江保护修复攻坚战、着力打好黄河生态保护治理攻坚战、巩固提升饮用水安全保障水平、着力打好重点海域综合治理攻坚战以及强化陆域海域污染协同治理,在打好净土保卫战方面要求持续打好农业农村污染治理攻坚战、深入推进农用地土壤污染防治和安全利用、有效管控建设用地土壤污染风险、稳步推进"无废城市"建设、加强新污染物治理以及强化地下水污染协同防治。《意见》还强调要切实维护生态环境安全,提高生态环境治理现代化水平。

《意见》提出当前和今后一段时期深入打好污染防治攻坚战的目标任务,对于加快解决突出生态环境问题,持续改善生态环境质量,努力推进美丽中国建设,推动实现更高质量、更有效率、更加公平、更可持续、更为安全的发展,都具有重大现实意义和深远历史意义。

三、圆满完成阶段性目标任务,生态环境质量明显改善

中国把推进污染防治、改善生态环境作为重要任务来抓,污染防治攻坚战阶段性目标任务高质量完成。蓝天、碧水、净土三大保卫战,包括打赢蓝天保卫战、打好柴油货车污染治理、水源地保护、黑臭水体治理、长江保护修复、渤海综合治理、农业农村污染治理攻坚战等七大标志性战役取得决定性成效。重污染天数明显减少。饮用水安全得到保障,城市黑臭水体基本消除。农用地和城市建设用地土壤环境风险得到有效管控。生态系统质量和稳定性提升,人民群众身边的蓝天白云、

清水绿岸明显增多,环境"颜值"普遍提升,美丽中国建设迈出坚实步伐。

《国家环境保护"十二五"规划》要求,以总量控制为主线,包括对重点污染物,如化学需氧量(COD)、氨氮、二氧化硫、胺氧化物等排放量进行总量控制,和对地表水水质、主要水系水质以及空气质量进行比例控制,实现环境保护规划整体目标:到2015年,主要污染物排放总量显著减少;城乡饮用水水源地环境安全得到有效保障,水质大幅提高;重金属污染得到有效控制,持久性有机污染物、危险化学品、危险废物等污染防治成效明显。生态环境恶化趋势得到扭转。

表6-1 "十二五"期间环境保护主要指标 （单位：万吨,%）

指　标	2010年	2015年	2015年与2010年相比
化学需氧量排放总量	2551.7	2347.6	-8
氨氮排放总量	264.4	238.0	-10
二氧化硫排放总量	2267.8	2086.4	-8
氮氧化物排放总量	2273.6	2046.2	-10
地表水国控断面劣Ⅴ类水质的比例	17.7	<15	-2.7
七大水系国控断面水质好于Ⅲ类的比例	55	>60	5
地级以上城市空气质量达到二级标准以上的比例	72	≥80	8

注：（1）化学需氧量和氨氮排放总量包括工业、城镇生活和农业源排放总量,依据2010年污染源普查动态更新结果核定。（2）"十二五"期间,地表水国控断面个数由759个增加到970个,其中七大水系国控断面个数由419个增加到574个；同时,将评价因子由12项增加到21项。据此测算,2010年全国地表水国控断面劣Ⅴ类水质比例为17.7%,七大水系国控断面好于Ⅲ类水质的比例为55%。（3）"十二五"期间,空气环境质量评价范围由113个重点城市增加到333个全国地级以上城市,按照可吸入颗粒物、二氧化硫、二氧化氮的年均值测算,2010年地级以上城市空气质量达到二级标准以上的比例为72%。

"十二五"期间,治污减排目标任务超额完成,全国脱硫、脱硝机

第六章　着力解决突出环境问题

组容量占煤电总装机容量比例分别提高到99%、92%，完成煤电机组超低排放改造1.6亿千瓦。全国化学需氧量和氨氮、二氧化硫、氮氧化物排放总量分别累计下降12.9%、13%、18%、18.6%。2015年，全国338个地级及以上城市PM2.5年均浓度为50微克/立方米，首批开展监测的74个城市细颗粒物年均浓度比2013年下降23.6%，京津冀、长三角、珠三角分别下降27.4%、20.9%、27.7%，酸雨区占国土面积比例由历史高峰值的30%左右降至7.6%，大气污染防治初见成效。全国1940个地表水国控断面Ⅰ—Ⅲ类比例提高至66%，劣Ⅴ类比例下降至9.7%，大江大河干流水质明显改善。全国城市污水处理率提高到92%，城市建成区生活垃圾无害化处理率达到94.1%。7.2万个村庄实施环境综合整治，1.2亿多农村人口直接受益。2015年，50个危险废物、273个医疗废物集中处置设施基本建成，历史遗留的670万吨铬渣全部处置完毕，铅、汞、镉、铬、砷5种重金属污染物排放量比2007年下降27.7%，涉重金属突发环境事件数量大幅减少。

"十二五"规划确定的主要目标和任务虽然已基本完成，但经济社会发展不平衡、不协调、不可持续的问题仍然突出，多阶段、多领域、多类型生态环境问题交织，生态环境与人民群众需求和期待差距较大。污染物排放量大面广，环境污染重，化学需氧量、二氧化硫等主要污染物排放量仍然处于2000万吨左右的高位，环境承载能力超过或接近上限。78.4%的城市空气质量未达标，公众反映强烈的重度及以上污染天数比例占3.2%，部分地区冬季空气重污染频发高发。饮用水水源安全保障水平亟须提升，排污布局与水环境承载能力不匹配，城市建成区黑臭水体大量存在，湖库富营养化问题依然突出，部分流域水体污染依然较重。全国土壤点位超标率16.1%，耕地土壤点位超标率19.4%，工矿废弃地土壤污染问题突出。城乡环境公共服务差距大，治理和改善任务艰巨。

《国民经济和社会发展第十三个五年规划纲要》作出"生态环境恶化趋势尚未得到根本扭转"的判断，并提出要在"十三五"期间实现生态环境质量总体改善，实现主要污染物排放总量大幅减少。《"十三五"

生态环境保护规划》继续要求"主要污染物排放总量大幅减少",提出以提高环境质量为核心,推进联防联控和流域共治,制定大气、水、土壤三大污染防治行动计划的施工图。一是分区施策改善大气环境质量,实施大气环境质量目标管理和限期达标规划,加强重污染天气应对,深化区域大气污染联防联控,显著削减京津冀及周边地区颗粒物浓度,明显降低长三角区域细颗粒物浓度,大力推动珠三角区域率先实现大气环境质量基本达标。二是精准发力提升水环境质量,实施以控制单元为基础的水环境质量目标管理,实施流域污染综合治理,优先保护良好水体,推进地下水污染综合防治,大力整治城市黑臭水体,改善河口和近岸海域生态环境质量。三是分类防治土壤环境污染,推进基础调查和监测网络建设,实施农用地土壤环境分类管理,加强建设用地环境风险管控,开展土壤污染治理与修复,强化重点区域土壤污染防治。

表6-2 "十三五"生态环境保护主要指标

指 标		2015年	2020年	〔累计〕[①]	属性
生态环境质量					
1.空气质量（%）	地级及以上城市[②]空气质量优良天数比率	76.7	>80	—	约束性
	细颗粒物未达标地级及以上城市浓度下降	—	—	〔18〕	约束性
	地级及以上城市重度及以上污染天数比例下降	—	—	〔25〕	预期性
生态环境质量					
2.水环境质量（%）	地表水质量[③]达到或好于Ⅲ类水体比例	66	>70	—	约束性
	地表水质量劣Ⅴ类水体比例	9.7	<5	—	约束性
	重要江河湖泊水功能区水质达标率	70.8	>80	—	预期性
	地下水质量极差比例	15.74	15左右	—	预期性
	近岸海域水质优良（Ⅰ、Ⅱ类）比例	70.5	70左右	—	预期性
3.土壤环境质量（%）	受污染耕地安全利用率	70.6	90左右	—	约束性
	污染地块安全利用率	—	>90	—	约束性

续表

指　标		2015年	2020年	〔累计〕	属性
4.生态状况	森林覆盖率（％）	21.66	23.04	〔1.38〕	约束性
	森林蓄积量（亿立方米）	151	165	〔14〕	约束性
	湿地保有量（亿亩）	—	≥8	—	预期性
	草原综合植被盖度（％）	54	56		预期性
	重点生态功能区所属县域生态环境状况指数	60.4	＞60.4	—	预期性
污染物排放总量					
5.主要污染物排放总量减少（％）	化学需氧量	—	—	〔10〕	约束性
	氨氮	—	—	〔10〕	
	二氧化硫	—	—	〔15〕	
	氮氧化物	—	—	〔15〕	
6.区域性污染物排放总量减少（％）	重点地区重点行业挥发性有机物⑤	—	—	〔10〕	预期性
	重点地区总氮⑥	—	—	〔10〕	预期性
	重点地区总磷⑦	—	—	〔10〕	预期性
生态环境质量					
7.国家重点保护野生动植物保护率（％）		—	≥95	—	预期性
8.全国自然岸线保有率（％）		—	≥35	—	预期性
9.新增沙化土地治理面积（万平方公里）		—	—	〔10〕	预期性
10.新增水土流失治理面积（万平方公里）		—	—	〔27〕	预期性

注：①〔　〕内为五年累计数。②空气质量评价覆盖全国338个城市（含地、州、盟所在地及部分省辖县级市，不含三沙和儋州）。③水环境质量评价覆盖全国地表水国控断面，断面数量由"十二五"期间的972个增加到1940个。④为2013年数据。⑤在重点地区、重点行业推进挥发性有机物总量控制，全国排放总量下降10％以上。⑥对沿海56个城市及29个富营养化湖库实施总氮总量控制。⑦总磷超标的控制单元以及上游相关地区实施总磷总量控制。

《"十三五"生态环境保护规划》提出以污染源达标排放为底线，以骨干性工程推进为抓手，改革完善总量控制制度，推动行业多污染物协同治污减排，加强城乡统筹治理，严格控制增量，大幅度削减污染物存量，降低生态环境压力，全面推进达标排放与污染减排。一是实施工业污染源全面达标排放计划，工业污染源全面开展自行监测和信息公开，排查并公布未达标工业污染源名单，实施重点行业企业达标排放限期改造，完善工业园区污水集中处理设施；二是深入推进重点污染物减排，改革完善总量控制制度，推动治污减排工程建设，控制重点地区重点行业挥发性有机物排放，总磷、总氮超标水域实施流域、区域性总量控制；三是加强基础设施建设，加快完善城镇污水处理系统，实现城镇垃圾处理全覆盖和处置设施稳定达标运行，推进海绵城市建设，增加清洁能源供给和使用，大力推进煤炭清洁化利用；四是继续推进农村环境综合整治，大力推进畜禽养殖污染防治，打好农业面源污染治理攻坚战，强化秸秆综合利用。

加大财政对生态环境保护支出力度，强化对污染防治攻坚支撑。据统计，"十三五"期间，全国财政共安排了生态环保资金4.42万亿元，年均增长8.2%。其中，中央财政1.93万亿元，占比达到43.7%。其中包括：投入4039亿元支持打赢蓝天保卫战，主要用于支持北方地区冬季的清洁取暖试点，重点区域开展工业污染的深度治理、推动柴油货车淘汰和运输结构调整、支持新能源汽车推广运用等，减少资源消耗和污染排放；投入1298亿元支持打好碧水保卫战，主要用于推动开展重点流域的水污染防治，良好水体和饮用水水源地保护，地下水超采区综合治理，城市黑臭水体治理示范等；投入285亿元支持打好净土保卫战，重点支持土壤污染状况详查，200余个土壤污染治理与修复技术应用试点项目实施。[1]

加大生态环境治理科技支撑。"十三五"期间，中国在生态环境领域的科技投入不断增多，仅中央财政投入就超过100亿元；一批重大科研项目有序推进，生态环境科技成果转化取得一定成效。重污染天气

---

[1]《为决胜全面建成小康社会提供坚实财力保障——财政部部长刘昆等出席财政支持全面建成小康社会新闻发布会》，财政部网站，2021年8月3日。

预报通过科技攻关,污染过程预报的准确率接近100%,污染级别的预报准确率接近80%,预报的时长由以前的3至7天增加到10天。水环境领域取得强化重点行业水污染全过程控制技术系统应用、城镇生活污水处理与利用等八大标志性成果。大气环境领域,建立了大气重污染成因定量化、精细化解析技术方法,构建了重污染天气联合应对技术体系。[1]2019年,国家生态环境科技成果转化综合服务平台正式上线,通过开展技术评估、技术筛选、技术孵化等核心任务,汇集了4500多项先进适用技术。[2]

全面强化生态环境法治保障,构建严密的法治体系。至2020年,生态环境领域由生态环境部门负责组织实施的法律有13部,行政法规30部,部门规章88部,强制性环境标准203项。[3]

污染防治攻坚战阶段性目标任务圆满完成,生态环境明显改善,三大保卫战成效明显。"十三五"规划纲要确定的9项生态环境约束性指标和污染防治攻坚战的阶段性目标全面圆满超额完成,公众对生态环境满意度达到89.5%,污染防治攻坚战阶段性成效得到人民群众充分认可。大气环境质量方面,2020年全国地级及以上城市优良天数比例达到了87%,比2015年增长了5.8个百分点,超过"十三五"目标2.5个百分点。PM2.5未达标地级及以上城市平均浓度达到37微克/立方米,比2015年下降28.8%,超过"十三五"目标10.8个百分点。水环境质量方面,全国地表水优良水体比例由2015年的66%提高到2020年的83.4%,超过"十三五"目标13.4个百分点;劣Ⅴ类水体比例由2015年的9.7%下降到2020年的0.6%,超过"十三五"目标4.4个百分点。土壤环境质量方面,全国受污染耕地安全利用率和污染地块安全利用率双双超过90%,顺利实现了"十三五"目标。生态环境状况方面,全国森林覆盖率2020年达到23.04%,自然保护区以及各类自然保护地面

---

[1]《科技治污之路越走越宽》,《经济日报》2020年8月29日。

[2]《关于国家生态环境科技成果转化综合服务平台上线启用的通知》,生态环境部网站,2019年8月1日。

[3]《生态环境部6月例行新闻发布会实录》,生态环境部网站,2020年7月2日。

积占陆域国土面积的18%。另外，在应对气候变化碳减排方面，2020年单位国内生产总值二氧化碳排放比2015年下降18.8%，顺利完成了"十三五"目标任务。[1]

第二节　坚决打赢蓝天保卫战

习近平总书记指出，要加强大气环境治理，"还老百姓蓝天白云、繁星闪烁"。空气环境是关系中国人民切身利益的大事，也是建设美丽中国的必然选择，要下更大决心、采取更有力措施，加大污染防治力度。在以习近平同志为核心的党中央坚强领导下，中国以前所未有的力度向大气污染宣战，坚决打赢蓝天保卫战，全国空气质量改善取得了历史性成就。

一、持续推进"蓝天保卫"行动计划

随着生活水平的提升，人民的需求也在发生变化，公众对环境质量的要求越来越高。为加快改善环境空气质量，打赢蓝天保卫战，中国制定了一系列行动计划。2012年，国务院批复《重点区域大气污染防治"十二五"规划》，指出"大气环境形势依然严峻"，体现为大气污染物排放负荷巨大，大气环境污染十分严重，复合型大气污染日益突出，城市间污染相互影响显著以及大气污染防治面临严峻挑战。《规划》提出，以保护人民群众身体健康为根本出发点，着力促进经济发展方式转变，提高生态文明水平，增强区域大气污染防治能力，统筹区域环境资源，实施多污染物协同减排，努力解决细颗粒物、臭氧、酸雨等突出大气环境问题，切实改善区域大气环境质量，提高公众对大气环境质量满意度；要求到2015年，重点区域二氧化硫、氮氧化物、工业烟粉尘排

---

[1]《国新办举行了建设人与自然和谐共生的美丽中国发布会图文实录》，国新网，2021年8月18日。

放量分别下降 12%、13%、10%，挥发性有机物污染防治工作全面展开；要求环境空气质量有所改善，可吸入颗粒物、二氧化硫、二氧化氮、细颗粒物年均浓度分别下降 10%、10%、7%、5%，臭氧污染得到初步控制，酸雨污染有所减轻；建立区域大气污染联防联控机制，区域大气环境管理能力明显提高。京津冀、长三角、珠三角区域将细颗粒物纳入考核指标，细颗粒物年均浓度下降 6%；其他城市群将其作为预期性指标。《规划》是中国第一部综合性大气污染防治的规划，标志着中国大气污染防治工作逐步由以污染物总量控制为目标导向向以改善环境质量为目标导向转变，由主要防治一次污染向既防治一次污染又注重二次污染转变。

2013 年，国务院印发《大气污染防治行动计划》（又称"大气十条""国十条"），其中提出加大综合治理力度，减少多污染物排放；调整优化产业结构，推动产业转型升级；加快企业技术改造，提高科技创新能力；加快调整能源结构，增加清洁能源供应；严格节能环保准入，优化产业空间布局；发挥市场机制作用，完善环境经济政策；健全法律法规体系，严格依法监督管理；建立监测预警应急体系，妥善应对重污染天气；明确政府企业和社会的责任，动员全民参与环境保护等 10 条 35 项大气污染治理措施。"国十条"明确大气污染防治行动的目标是，经过五年努力，全国空气质量总体改善，重污染天气较大幅度减少；京津冀、长三角、珠三角等区域空气质量明显好转。力争再用五年或更长时间，逐步消除重污染天气，全国空气质量明显改善。到 2017 年，全国地级及以上城市可吸入颗粒物浓度比 2012 年下降 10% 以上，优良天数逐年增加；京津冀、长三角、珠三角等区域细颗粒物浓度分别下降 25%、20%、15% 左右，其中北京市细颗粒物年均浓度控制在 60 微克/立方米左右。

"国十条"的出台，是中国政府应对大气污染问题专门采取的综合性、强有力举措。2013 年 9 月，环保部等六部门联合发布《京津冀及周边地区落实大气污染防治行动计划实施细则》，对该地区每个省份防治目标均提出明确要求。北京、天津、河北、山西、内蒙古、山东等六省区市与环保部签订大气污染防治目标责任书，全面落实"国十条"。

2016年,中国工程院组织对"国十条"进行中期评估,评估认为:"国十条"实施以来,全国城市空气质量总体改善,PM2.5、PM10、NO_2、SO_2和CO年均浓度和超标率均逐年下降,大多数城市重污染天数减少。2015年,全国74个重点城市PM2.5平均浓度为55微克/立方米,相对于2013年的72微克/立方米下降23.6%。全国338个城市PM10平均浓度为87微克/立方米,相对2013年97微克/立方米,下降10.3%。[1]

2018年,生态环境部通报"国十条"实施情况终期考核结果:2017年,全国地级及以上城市PM10平均浓度比2013年下降22.7%;京津冀、长三角、珠三角等重点区域PM2.5平均浓度分别比2013年下降39.6%、34.3%、27.7%;北京市PM2.5年均浓度降至58微克/立方米;全面完成"国十条"确定的环境空气质量改善目标。根据《大气污染防治行动计划实施情况考核办法(试行)》的要求,生态环境部会同国家发改委等部门,对全国31个省(区、市)贯彻实施情况进行考核,并根据各省(区、市)《国民经济和社会发展第十三个五年规划纲要》约束性指标年度任务完成情况对考核结果进行了修正。经考核,北京、内蒙古、黑龙江、上海、浙江、福建、山东、湖北、湖南、海南、四川、贵州、云南、西藏、青海等15个省区市为优秀;天津、河北、辽宁、吉林、江苏、广东、重庆、新疆等8个省区市为良好;山西、安徽、江西、河南、广西、陕西、甘肃、宁夏等8个省区为合格。[2]

随着"国十条"重点工作任务的全部完成,2018年6月,国务院印发《打赢蓝天保卫战三年行动计划》,要求以京津冀及周边地区、长三角地区、汾渭平原等区域(以下称"重点区域")为重点,持续开展大气污染防治行动,综合运用经济、法律、技术和必要的行政手段,大力调整优化产业结构、能源结构、运输结构和用地结构,强化区域联防

---

[1]《〈大气污染防治行动计划〉中期评估报告认为全国城市空气质量总体改善》,《人民日报》2016年7月6日。

[2]《生态环境部通报〈大气污染防治行动计划〉实施情况终期考核结果》,生态环境部网站,2018年6月1日。

联控,狠抓秋冬季污染治理,统筹兼顾、系统谋划、精准施策,坚决打赢蓝天保卫战,实现环境效益、经济效益和社会效益多赢。《行动计划》明确打赢蓝天保卫战的目标是,经过三年努力,大幅减少主要大气污染物排放总量,协同减少温室气体排放,进一步明显降低 PM2.5 浓度,明显减少重污染天数,明显改善环境空气质量,明显增强人民的蓝天幸福感。到 2020 年,二氧化硫、氮氧化物排放总量分别比 2015 年下降 15%以上;PM2.5 未达标地级及以上城市浓度比 2015 年下降 18% 以上,地级及以上城市空气质量优良天数比率达到 80%,重度及以上污染天数比率比 2015 年下降 25% 以上;提前完成"十三五"目标任务的省份,要保持和巩固改善成果;尚未完成的,要确保全面实现"十三五"约束性目标;北京市环境空气质量改善目标应在"十三五"目标基础上进一步提高。《行动计划》是贯彻落实党中央、国务院打好污染防治攻坚战决策部署的一项重大举措,是落实全国生态环境保护大会精神的具体行动。

二、系统开展大气治理,协调推进空气环境改善

围绕《大气污染防治行动计划》《打赢蓝天保卫战三年行动计划》,"十二五"和"十三五"期间,中国推进重污染天气消除攻坚战、秋冬季大气污染综合治理攻坚、夏季臭氧污染防治攻坚战、管控挥发性有机物治理攻坚,强化车辆污染物排放控制,推动经济结构和能源结构调整,系统开展大气污染治理,协调推进空气环境改善。

重污染天气频发是全社会最关注的问题之一,给人民群众生产生活带来严重影响,尤其是受到地理气候因素影响,在秋冬季节常容易发生重污染天气。中国精准扎实推进各项任务措施,着力打好重污染天气消除攻坚战,包括:(1)推动冬季清洁取暖。至 2018 年,北方地区冬季清洁取暖试点城市由 12 个增加到 35 个,完成散煤治理 480 万户。[1] 2020 年,基本实现京津冀及周边地区和汾渭平原冬季取暖散煤

---

[1] 生态环境部:《中国生态环境状况公报(2018)》,2019 年 5 月 22 日。

替代。（2）推进重点污染产业升级改造。2015年，中国全面实施燃煤电厂超低排放和节能改造，至2017年全国累计完成燃煤机组超低排放改造7亿千瓦。[1]2018年至2020年，全国实现超低排放的煤电机组从8.1亿千瓦增加到9.5亿千瓦。（3）开展秋冬季大气污染综合治理攻坚和蓝天保卫战秋冬季监督帮扶。自2017年起，连续四年开展重点区域秋冬季大气污染综合治理攻坚行动，组织开展重点行业重污染天气应急减排措施绩效分级，覆盖钢铁、焦化等39个行业，以差异化管控鼓励"先进"，促进行业转型升级，将重点区域共27.5万家涉气企业纳入应急减排清单。2020年四季度京津冀及周边地区、汾渭平原39个城市PM2.5平均浓度为62微克/立方米，比2016年同期下降39%；重污染天数比例比2016年同期下降87%。[2]（4）强化区域大气环境综合协同治理，成立京津冀及周边地区大气污染防治领导小组，建立汾渭平原大气污染防治协作机制，完善长三角区域大气污染防治协作机制，强化区域联防联控。对重点地区重点行业进行排放物控制，京津冀及周边地区重点行业企业自2018年10月1日起全面执行大气污染物特别排放限值。成立国家大气污染防治攻关联合中心，组织实现对区域秋冬季大气重污染成因分析攻坚。（5）全面提高污染物处理能力，严格禁止秸秆露天焚烧，推进露天矿山综合整治、扬尘综合处理，工业废气治理设施、处理能力分别从2012年的225913套、1649353立方米/时，增加到2019年的465250套、9317019立方米/时。[3]

夏季臭氧污染防治攻坚战是打赢蓝天保卫战的关键。近年来，臭氧污染问题逐步显现，浓度逐年上升，成为影响夏季空气质量的首要污染物。生态环境部数据显示，2019年全国337个城市臭氧平均浓度为148微克/立方米。挥发性有机物是形成臭氧和PM2.5的重要前体物，控制

---

[1] 生态环境部：《中国生态环境状况公报（2017）》，2018年5月22日。
[2] 《生态环境部2月新闻发布会》，生态环境部网站，2021年2月25日。
[3] 国家统计局、生态环境部：《中国环境统计年鉴（2020）》，中国统计出版社2020年版，第39页。

挥发性有机物治理是治理臭氧污染的有效途径。中国持续开展一系列举措进行臭氧污染治理和挥发性有机物治理：（1）明确重点区域控制目标。2017年环保部等部委联合印发《"十三五"挥发性有机物污染防治工作方案》，2019年生态环境部印发《重点行业挥发性有机物综合治理方案》，提出加强重点地区挥发性有机物减排，强化活性强挥发性有机物组分减排，强化挥发性有机物与氮氧化物协同减排，强化新增污染物排放控制，强化固定污染源排污许可管理，到2020年，全面建立以改善环境质量为核心的挥发性有机物污染防治管理体系，实施重点工业行业排污许可制，在重点区域、重点行业推进挥发性有机物排放总量控制，全国排放总量下降10%以上。通过对氮氧化物等污染物的协同控制，臭氧污染加重趋势得到遏制，PM2.5污染状况持续改善。（2）优化挥发性有机化合物含量限值标准。2017年4月，北京市、天津市、河北省三地联合发布《建筑类涂料与胶粘剂挥发性有机化合物含量限值标准》，将全面使用符合国家要求的低挥发性有机物含量原辅材料的企业纳入正面清单和政府绿色采购清单。（3）重点查处情节严重的违法行为。生态环境部多次开展监测执法联动，对已安装的挥发性有机物在线监测设备进行校准，对重点管控企业和采用简易治理工艺的企业开展抽测。每月对重点区域、苏皖鲁豫交界地区和其他臭氧污染防治任务重的地区城市空气质量改善情况进行通报，对空气质量改善滞后或重点任务进展缓慢的城市进行预警。根据《中国生态环境状况公报（2020）》，2020年国家开展5轮次臭氧污染防治监督帮扶，发现问题企业3.3万家、各类挥发性有机物问题10.5万个。

积极落实柴油货车污染治理计划及各项任务。（1）加强对机动车辆的管控。2016年12月，环保部、国家质检总局发布《轻型汽车污染物排放限值及测量方法（中国第六阶段）》。中国于2019年7月1日实施了重型燃气车国六标准，2020年7月1日实施了轻型车和公交、环卫、邮政等重型城市车辆国六标准。2021年7月1日重型柴油车国六排放标准的实施，标志着汽车标准全面进入国六时代，基本实现与欧美发达国家接轨。与国五标准相比，重型车国六标准更加严格，氮氧化物和颗粒物限值分别减低 77% 和 67%。[1]（2）加强对车辆和加油站的监督抽查。2019 年，生态环境部、国家发改委、工信部、交通运输部、中国铁路总公司等多个部门联合印发《柴油货车污染治理攻坚战行动计划》，提出到 2020 年，全国在用柴油车监督抽测排放合格率达到 90%，京津冀及周边地区、长三角和汾渭平原等重点区域达到 95% 以上，排气管口冒黑烟现象基本消除。同时严厉打击非法黑加油站点和劣质油品，仅 2019 年就依法查处 1466 个黑加油站点和 644 个柴油超标加油站。

优化产业、能源和运输等结构对明显减少重污染天数和改善大气环境质量具有重要作用。一是优化产业结构，推进产业绿色发展。积极推进钢铁、煤炭、煤电、水泥行业化解过剩产能。持续推进燃煤电厂超低排放改造，"十三五"期间累计达 9.5 亿千瓦，钢铁行业超低排放改造产能 6.2 亿吨。重点区域"散乱污"实现动态清零。大力开展工业炉窑排查治理和挥发性有机物污染综合整治。二是调整能源结构，构建清洁低碳高效能源体系。煤炭占一次能源消费比重持续降低，2017 年至 2020 年，全国煤炭消费比重由 60.4% 降至 57% 左右。淘汰治理无望的小型燃煤锅炉约 10 万台，重点区域 35 蒸吨/小时以下燃煤锅炉基本清零。中央财政支持北方地区清洁取暖试点实现"2+26"城市和汾渭平原全覆盖，累计完成散煤替代 2500 万户左右。三是积极调整运输结构，发展绿色交通体系。自 2015 年底以来，全国淘汰老旧机动车超过 1400 万辆，新能源车保有量达到 492 万辆，新能源公交车占比从 20% 提升到 60% 以上。2020 年全国铁路货运量较 2017 年增长 20% 以上。[2]

三、深入打赢蓝天保卫战，强化清新空气保护

全国空气质量持续向好。《"十三五"生态环境保护规划》指出，2015 年，全国 338 个地级及以上城市 PM2.5 年均浓度为 50 微克/立方米，首批开展监测的 74 个城市细颗粒物年均浓度比 2013 年下降

---

[1]《生态环境部召开 5 月例行新闻发布会》，生态环境部网站，2021 年 5 月 26 日。
[2]《生态环境部 2021 年 2 月新闻发布会》，生态环境部网站，2021 年 2 月 25 日。

23.6%，京津冀、长三角、珠三角分别下降27.4%、20.9%、27.7%，酸雨区占国土面积比例由历史高峰值的30%左右降至7.6%，大气污染防治初见成效。

生态环境部的数据显示，与2015年相比，2019年PM2.5未达标地级及以上城市年均浓度下降23.1%，全国337个地级及以上城市年均优良天数比例达到82%，2020年1月至8月，这一比例达到86.7%，PM2.5浓度为31微克/立方米，同比下降11.4%。2021年，全国339个地级及以上城市平均空气质量优良天数比例为87.5%，蓝天白云的好天气正在成为常态。

2020年是"十三五"收官之年，受新冠肺炎疫情影响，排放强度有所降低，对完成治理目标起到了一定的"助推"作用。国家大气污染防治攻关联合中心通过国际通用的空气质量模型，科学评估了疫情对空气质量的影响；结果显示，疫情对PM2.5浓度影响为2微克/立方米，对优良天数比例影响为2.2个百分点。扣除疫情影响后，全国未达标城市平均PM2.5浓度为35微克/立方米，比2015年下降25.0%；优良天数比例为84.8%，比2015年上升3.6个百分点，超额完成"十三五"约束性指标。2021年，地级及以上城市空气质量优良天数比例为87.5%，同比上升0.5个百分点；PM2.5平均浓度为30微克/立方米，同比下降9.1%；连续两年实现PM2.5和臭氧浓度双下降；空气质量达标城市218个，同比增加12个。重点区域空气质量明显改善。京津冀及周边地区、长三角地区、汾渭平原PM2.5平均浓度同比分别下降18.9%、11.4%、16.0%，改善幅度总体高于全国平均水平。大气环境治理仍需持续发力，尚有29.8%的城市PM2.5平均浓度超标，区域性重污染天气过程仍时有发生。[1]

"十四五"是开启全面建设社会主义现代化国家新征程的第一个五年，虽然中国大气环境呈现持续快速改善态势，但与人民群众对蓝天白

---

[1] 黄润秋：《国务院关于2021年度环境状况和环境保护目标完成情况的报告》，中国人大网，2022年4月21日。

云、繁星闪烁的期盼，与美丽中国建设目标还有一定差距，大气环境问题的长期性、复杂性、艰巨性仍然存在。"十四五"期间要坚持源头防治、综合施策，强化多污染物协同控制和区域协同治理，锚定2035年美丽中国建设目标基本实现以及"十四五"时期生态文明建设实现新进步的目标，坚决打好重污染天气消除、臭氧污染防治、柴油货车污染治理三大标志性战役，着力解决好人民群众身边的突出环境问题，推动经济高质量发展和全社会低碳绿色转型。

第三节　着力打好碧水保卫战

习近平总书记指出，"全党要大力增强水忧患意识、水危机意识，从全面建成小康社会、实现中华民族永续发展的战略高度，重视解决好水安全问题。"[1]水是生命之源，也是经济社会发展的必须要素。党的十八大以来，中国切实加大水污染防治力度，保障国家水安全，着力解决地区水环境质量差、水生态受损重、环境隐患多等问题，推动建设"绿水常在"的美丽中国。

一、科学制定"碧水保卫"行动计划

水环境保护事关人民群众切身利益，然而一些地区水环境质量差、水生态受损重、环境隐患多等问题十分突出，影响和损害群众健康，不利于经济社会持续发展。为切实加大水污染防治力度、保障水安全，国家制定了一系列行动计划。

2015年，国务院印发《水污染防治行动计划》，对2020年、2030年、2050年中国水污染防治目标作了规划，提出：到2020年，全国水环境质量得到阶段性改善，污染严重水体较大幅度减少，饮用水安全保障水平持续提升，地下水超采得到严格控制，地下水污染加剧趋势得到

---

[1]《习近平关于社会主义生态文明建设论述摘编》，中央文献出版社2017年版，第53页。

初步遏制,近岸海域环境质量稳中趋好,京津冀、长三角、珠三角等区域水生态环境状况有所好转。到 2030 年,力争全国水环境质量总体改善,水生态系统功能初步恢复。到本世纪中叶,生态环境质量全面改善,生态系统实现良性循环。

《行动计划》围绕全面控制污染物排放、推动经济结构转型升级、着力节约保护水资源、强化科技支撑、充分发挥市场机制作用、严格环境执法监管、切实加强水环境管理、全力保障水生态环境安全、明确和落实各方责任、强化公众参与和社会监督等 10 方面提出 238 项具体治理措施,其中除 136 项改进强化措施、12 项研究探索性措施外,重点提出 90 项改革创新措施,在自然资源用途管制、水节约集约使用、生态保护红线、资源环境承载能力监测预警机制、资源有偿使用、生态补偿、环保市场、社会资本投入、环境信息公开、社会监督等方面体现了改革创新的新要求。

同时针对具体区域的水污染治理,国家也出台了相关政策文件。针对华北地区水污染出台《华北平原地下水污染防治工作方案》,强调按照"预防为主,协同控制;分区防治,突出重点;加强监控,循序渐进"的主要原则,到 2015 年底,初步建立华北平原地下水质量和污染源监测网,基本掌握地下水污染状况,初步遏制地下水水质恶化趋势,改善城镇集中式地下水饮用水源水质状况。到 2020 年,全面监控华北平原地下水环境质量和污染源状况,科学开展地下水污染修复示范,地下水环境监管能力全面提升,地下水污染风险得到有效防范。

二、深化重点领域攻坚战,着力打好碧水保卫战

《"十三五"生态环境保护规划》提出,精准发力提升水环境质量,实施以控制单元为基础的水环境质量目标管理,实施流域污染综合治理,优先保护良好水体,推进地下水污染综合防治,大力整治城市黑臭水体,改善河口和近岸海域生态环境质量。中国重点围绕饮用水水源地环境保护、城市黑臭水体治理、长江保护修复、农业农村污染治理和渤海综合治理等标志性重大战役,推动水污染防治攻坚战各项工作取得积

极进展。

开展饮用水专项行动,全面解决影响饮水安全的环境隐患问题,不仅是打好污染防治攻坚战的重要内容,更是落实防范化解重大风险决策部署的一项务实举措。近年来,中国通过划定饮用水水源保护区、设立保护区边界标志、清理整治违法项目,全面提升饮用水水源地的水质安全保障水平。至2020年底,全国实现地表水水质达到或好于Ⅲ类的国控断面比例提高到83.4%。[1]

加大对黑臭水体治理力度,"十三五"期间,地级及以上城市新建污水管网9.9万公里,新增污水处理能力4088万吨/日,据估算,用于黑臭水体整治的直接投资约1.5万亿元。

推动大江大河治理。长期以来,长江流域承担着带动中国经济增长的历史重任,高投入、高消耗、高污染、低产出的经济发展方式导致沉重的自然资源和生态环境代价。为着力解决长江的突出生态环境问题,围绕长江保护修复攻坚战的一系列行动紧锣密鼓展开。2018年,生态环境部、国家发改委联合印发《长江保护修复攻坚战行动计划》,明确长江需要着力解决的突出生态环境问题,提出重点任务的路线图和时间表,并开展长江流域劣Ⅴ类国控断面整治专项行动、"绿盾""清废"专项行动、长江经济带饮用水水源地专项行动,带动整体长江保护修复工作,推动长江生态环境保护取得了阶段性成效。黄河流域是中国重要的生态安全屏障,中国推动黄河保护立法,编制《黄河流域生态环境保护规划》,推动沿黄九省区建立"三线一单"生态环境分区管控体系,开展流域环境系统治理,分阶段开展黄河流域入河排污口排查整治专项行动,持续进行生态保护修复。颁布长江保护法,推动黄河保护法立法,以法律手段加强长江和黄河流域的生态环境保护和修复,促进资源合理高效利用,保障生态安全,实现人与自然和谐共生。

着力打好重点海域综合治理攻坚战是碧水保卫战的重要内容。重点海域主要包括渤海、长江口—杭州湾、珠江口邻近海域,这些区域是中

---

[1] 生态环境部:《中国生态环境状况公报(2020)》,2021年5月24日。

国沿海高质量发展的重大战略区、人民群众临海亲海的重要功能区,同时也是海洋生物多样性保护和生态健康维护的重要生态区,以及陆海生态环境协同治理的核心关键区。近几年,中国制定《渤海综合治理攻坚战行动计划》等重点海域治理方案,提出加强日常监管,保持河流水质状况稳定,确保符合水质目标要求。严格控制工业直排海污染源排放,沿海城市工业直排海污染源由其污染治理责任单位组织开展自行监测,并定期将监测结果报送当地生态环境部门。同时,由生态环境部门根据工作需要定期组织开展监督性监测。

三、持续打好碧水保卫战,强化美丽河湖保护

"十三五"时期,中国水生态环境保护发生历史性、转折性、全局性变化,碧水保卫战取得显著成效,全国地表水环境质量稳步改善。以2021年为例,地表水Ⅰ—Ⅲ类水质断面比例为84.9%,与2020年相比上升1.5个百分点;劣Ⅴ类水质断面比例为1.2%。重点流域水质持续改善,长江流域、珠江流域等水质持续为优,黄河流域水质明显改善,淮河流域、辽河流域水质由轻度污染改善为良好。地下水水质状况总体较好,全国地下水Ⅰ—Ⅳ类水质点位比例为79.4%。然而水生态环境改善成效还不稳固,少数地区消除劣Ⅴ类断面难度较大,部分重点湖泊蓝藻水华居高不下,污染源周边和地下水型饮用水水源保护区存在污染风险,水生态系统失衡等问题亟待解决。2021年全国地表水Ⅰ—Ⅲ类断面比例为84.9%;劣Ⅴ类断面比例为1.2%。截至2021年底,相关部门对3645个县级以上集中式饮用水水源环境状况进行了评估,更新4.78万个乡镇及以下集中式饮用水水源信息,完成19132个乡镇级水源保护区划定。[1]从污染严重水体基本消除到地表水劣Ⅴ类水体基本消除,再到集中式饮用水水源地安全保障水平持续提升。

消除城市黑臭水体。2020年,全国地级以上城市建成区黑臭水体消

---

[1] 黄润秋:《国务院关于2021年度环境状况和环境保护目标完成情况的报告》,中国人大网,2022年4月21日。

除比例达到98.2%。2021年，295个地级以上城市（不含州、盟）黑臭水体基本消除。[1]

2021年，长江流域水质优良（Ⅰ—Ⅲ类）断面比例为96.7%，高于全国平均水平13.3个百分点，较2016年提高14.4个百分点，干流首次全线达到Ⅱ类水质。[2]持续紧盯突出问题，整改成效明显。截至2021年底，长江经济带生态环境警示片披露的484个问题，已整改完成437个。加强自然保护地生态环境监管，长江经济带11省市自然保护区发现整改问题点位2654个，已完成整改2374个。[3]"十三五"期间，国家不断加大黄河流域生态保护和环境综合治理力度，促进流域生态环境质量持续改善，让黄河日益成为造福人民的幸福河。

"十三五"以来，中国海洋生态环境保护取得了显著成效，陆海统筹的生态环境治理体系不断健全，渤海综合治理攻坚战阶段性目标高质量完成，近岸海域污染防治和生态保护监管深入实施，全国海洋生态环境质量总体改善。

《中华人民共和国国民经济和社会发展第十四个五年规划和2035远景目标纲要》提出，要完善水污染防治流域协同机制，加强重点流域、重点湖泊、城市水体和近岸海域综合治理，推进美丽河湖保护与建设，化学需氧量和氨氮排放总量分别下降8%，基本消除劣Ⅴ类国控断面和城市黑臭水体。开展城市饮用水水源地规范化建设，推进重点流域重污染企业搬迁改造。

第四节 扎实推进净土保卫战

习近平总书记在全国生态环境保护大会上强调："要全面落实土壤

---

[1]《生态环境部召开1月例行新闻发布会》，生态环境部网站，2022年1月24日。

[2]《持续实施长江大保护，深入推动长江生态环境保护修复》，生态环境部网站，2021年11月12日。

[3]《生态环境部召开1月例行新闻发布会》，生态环境部网站，2022年1月24日。

污染防治行动计划，推动制定和实施土壤污染防治法。突出重点区域、行业和污染物，强化土壤污染管控和修复，有效防范风险，让老百姓吃得放心、住得安心。"[1]土壤是人类生存和兴国安邦的战略资源，当前土壤环境总体状况堪忧，部分地区污染较为严重。党的十八大以来，中国强化土壤污染风险管控和修复，努力让老百姓吃得放心、住得安心。

一、系统制定"净土保卫"行动计划

土壤环境总体状况堪忧，部分地区污染较为严重，已成为阻碍中国全面建成小康社会的突出问题之一。为切实加强土壤污染防治，逐步改善土壤环境质量，中国制定了一系列"净土保卫"行动计划。

2016年5月，国务院印发《土壤污染防治行动计划》（简称"土十条"），确定十个方面的措施：一是开展土壤污染调查，掌握土壤环境质量状况。二是推进土壤污染防治立法，建立健全法规标准体系。三是实施农用地分类管理，保障农业生产环境安全。四是实施建设用地准入管理，防范人居环境风险。五是强化未污染土壤保护，严控新增土壤污染。六是加强污染源监管，做好土壤污染预防工作。七是开展污染治理与修复，改善区域土壤环境质量。八是加大科技研发力度，推动环境保护产业发展。九是发挥政府主导作用，构建土壤环境治理体系。十是加强目标考核，严格责任追究。"土十条"提出，到2020年，全国土壤污染加重趋势得到初步遏制，土壤环境质量总体保持稳定，农用地和建设用地土壤环境安全得到基本保障，土壤环境风险得到基本管控。到2030年，全国土壤环境质量稳中向好，农用地和建设用地土壤环境安全得到有效保障，土壤环境风险得到全面管控。到本世纪中叶，土壤环境质量全面改善，生态系统实现良性循环。"土十条"的出台夯实了中国土壤污染防治工作的基础，全面提升了中国土壤污染防治工作能力，进一步促进了中国生态环境质量的改善。

---

[1] 习近平：《论把握新发展阶段、贯彻新发展理念、构建新发展格局》，中央文献出版社2021年版，第263页。

二、全面防治土壤污染，强化土壤污染风险管控

《"十三五"生态环境保护规划》提出，分类防治土壤环境污染，推进基础调查和监测网络建设，实施农用地土壤环境分类管理，加强建设用地环境风险管控，开展土壤污染治理与修复，强化重点区域土壤污染防治。各项措施实施以来，中国土壤污染加剧的趋势得到初步遏制，土壤环境风险得到基本管控，净土保卫战取得了积极成效。全国土壤污染状况详查是"土十条"明确的第一项任务，是一项重要的国情调查。2017年7月启动、历时四年完成的土壤污染状况详查基本摸清了全国农用地和企业用地土壤污染状况及潜在风险的底数，支撑了"十三五"任务目标的完成，探索形成了一整套覆盖调查全过程的技术体系和组织实施模式，锤炼了一支政治强、本领高、作风硬、敢担当的专业队伍。

土壤污染不同于水和大气污染，具有累积性、不均匀性和长期存在性等特点，实施基于风险的土壤环境管理策略符合现阶段中国的基本国情。这要求以风险管控为导向，对污染土壤实行分类别、分用途管理，确保受污染土壤的安全利用。2018年生态环境部印发《土壤环境质量农用地土壤污染风险管控标准（试行）》和《土壤环境质量建设用地土壤污染风险管控标准（试行）》。土壤污染治理方面，一是实施农用地分类管理，保障农业生产环境安全。对轻中度污染的土壤，制定实施受污染耕地安全利用方案，采取农艺调控、替代种植等措施，降低农产品超标风险；对重度污染土壤，严格管控其用途，依法划定特定农产品禁止生产区域，严禁种植食用农产品；制定实施重度污染耕地种植结构调整或退耕还林还草计划。二是实施建设用地准入管理，防范人居环境风险。将建设用地土壤环境管理要求纳入城市规划、供地管理和土地开发利用管理。对拟收回土地使用权的有色金属冶炼、石油化工、石油加工、化工、焦化、电镀、制革等行业企业用地，以及用途拟变更为居住和商业、学校、医疗、养老机构等公共设施的上述企业用地，由土地使用权人负责开展土壤环境状况调查评估；已经收回的，由所在地市、县人民政府负责开展调查评估。根据调查评估结果，建立污染地块名录及其开发利用的负面清单，合理确定土地用途。2018年，31个省（区、市）

和新疆生产建设兵团完成农用土壤污染状况详查,26个省份建立污染地块联动监管机制。

土壤作为大部分污染物的最终受纳体,其污染来源复杂,与生产生活密切相关。根治中国土壤污染问题,也需要切断污染来源,推进工业、农业、生活源全防全控。解决土壤污染主要涉及两个方面:一是农村生活污水治理。由于一些原因,农村生活污水治理基础薄弱,截至2021年,治理率仅为28%左右。近年来,各地按照行动计划要求,不断加强农业农村污染治理工作,按期完成各项任务目标,取得阶段性进展。二是固体废物污染防治。以"无废城市"建设为引领,提升固体废物环境管理水平,如强化固体废物污染防治、深化巩固"禁止洋垃圾入境"改革成效以及扎实推进塑料污染治理;以新污染物治理为抓手,强化化学物质全生命周期环境风险管理,如建立健全新污染物治理工作推进机制等;以关键制度和重点项目建设为着力点,夯实治理基础,提升治理能力,如完善配套法规制度建设等。"十三五"时期,中国加大规划引导和政策支持力度,稳步推进生活垃圾分类,积极开展分类投放、分类收集、分类运输和分类处理设施建设,大力推行焚烧处理,进一步健全收转运体系,推动生活垃圾处理能力显著提升。

三、深入打好净土保卫战,加强清洁沃土保护

中国强化农用地和建设用地土壤污染风险管控,贯彻实施新修订的固体废物污染环境防治法,持续推进固体废物减量化、资源化和无害化,净土保卫战取得积极成效。2020年,中国完成《土壤污染防治行动计划》确定的受污染耕地安全利用率达到90%左右和污染地块安全利用率达到90%以上的目标;完成土壤污染防治法执法检查;完成重点行业企业土壤污染状况调查全部地块的初步采样调查工作;推进土壤污染治理与修复技术应用试点项目和土壤污染综合防治先行区建设。[1]2021年全国土壤环境风险得到基本管控,土壤污染加重趋势得到初步遏制,重

---

[1] 生态环境部:《中国生态环境状况公报(2020)》,2021年5月24日。

点建设用地安全利用得到有效保障,农用地土壤环境状况总体稳定。

"十四五"时期,中国将坚持稳中求进总基调,强化问题导向、目标导向和结果导向,强化部门分工协作、共同发力,深入实施农用地分类管理,严格重点建设用地准入管理,有效管控土壤污染风险,切实保障老百姓吃得放心、住得安心。一是加强土壤污染源头防治。深入开展农用地土壤镉等重金属污染源头防治行动。坚持系统观念,将土壤污染防治与大气、水、固体废物污染防治统筹部署、综合施策、整体推进。二是深入推进农用地安全利用。到2025年,受污染耕地安全利用率达到93%左右。加强耕地土壤和农产品协同监测和评价,依据相关标准指南,动态更新耕地土壤环境质量类别。三是有效管控建设用地土壤污染风险。以用途变更为住宅、公共管理与公共服务用地的地块为重点,依法开展土壤污染状况调查和风险评估,严格准入管理,坚决杜绝违规开发利用,有效保障安全利用。同时,充分发挥中央生态环境保护督察、污染防治攻坚战考核等作用,指导和督促地方党委政府切实落实土壤污染防治责任,推动解决详查发现的突出污染问题,有效管控土壤污染风险,打好"十四五"净土保卫战。

第五节　开展农村环境整治

"中国要强农业必须强,中国要美农村必须美,中国要富农民必须富。"[1]农村人居环境整治是一项涉及面广、内容多、任务重的系统工程,不仅是一场攻坚战,更是一场持久战。中国高度重视农业农村生态环境保护工作,推动打好农业农村污染治理攻坚战,取得了显著成效。

---

[1]《加大推进新形势下农村改革力度 促进农业基础稳固农民安居乐业》,《人民日报》2016年4月29日。

一、部署"农业农村污染治理攻坚战"行动计划

《国家环境保护"十二五"规划》指出，做好农村环境保护工作，要保障农村饮用水安全，提高农村生活污水和垃圾处理水平，提高农村种植业、养殖业污染防治水平和改善重点区域农村环境质量。以建设美丽宜居村庄为导向，国家出台了一系列持续开展农村人居环境整治行动的政策文件，实现全国行政村环境整治全覆盖。

针对中国农村人居环境总体水平较低，在居住条件、公共设施和环境卫生等方面与全面建成小康社会的目标要求还有较大差距的现状，2014年国务院办公厅出台《关于改善农村人居环境的指导意见》，要求按照"因地制宜、分类指导"、"量力而行、循序渐进"和"城乡统筹、突出特色"的原则，"坚持农民主体地位"，按照全面建成小康社会和建设社会主义新农村的总体要求，以保障农民基本生活条件为底线，以村庄环境整治为重点，以建设宜居村庄为导向，从实际出发，循序渐进，通过长期艰苦努力，全面改善农村生产生活条件。

为全面治理农村垃圾，解决好农村垃圾乱扔乱放、治理滞后等问题，2015年住建部、国家发改委等十部门联合印发《全面推进农村垃圾治理的指导意见》。《意见》包括总体要求、主要任务、保障措施和督导检查四方面内容，创下了"三个第一"，即第一次将农村的生活垃圾、工业垃圾等一并处理；第一次由十个部门联合发文；第一次提出了农村垃圾五年治理的目标任务。2018年，中共中央、国务院印发的《乡村振兴战略规划（2018—2022年）》指出，持续改善农村人居环境，以建设美丽宜居村庄为导向，以农村垃圾、污水治理和村容村貌提升为主攻方向，开展农村人居环境整治行动，全面提升农村人居环境质量。具体措施包括加快补齐突出短板，着力提升村容村貌，建立健全整治长效机制。该规划为做好乡村振兴工作，改善农村人居环境，指明了前进方向，提供了根本遵循，注入了强大动力。

为加快推进农村人居环境整治，2018年2月，中共中央办公厅、国务院办公厅印发了《农村人居环境整治三年行动方案》，明确了推进农

村生活垃圾治理、开展厕所粪污治理、梯次推进农村生活污水治理、提升村容村貌、加强村庄规划管理、完善建设和管护机制等六项重点任务。该方案的实施加快推进了农村人居环境整治进程，进一步提升了农村人居环境水平。

针对影响农村环境卫生的突出问题，2019年，中央农村工作领导小组办公室等部门联合研究制定了《农村人居环境整治村庄清洁行动方案》。该方案要求重点做好村庄内"三清一改"，即清理农村生活垃圾、清理村内塘沟、清理畜禽养殖粪污等农业生产废弃物，改变影响农村人居环境的不良习惯；集中力量从面上推进农村环境卫生整治，掀起全民关心农村人居环境改善、农民群众自觉行动、社会各界积极参与村庄清洁行动的热潮。国家从2019年起在全国范围内集中组织开展农村人居环境整治村庄清洁行动，带动和推进了村容村貌提升。

2020年是决战脱贫攻坚、全面建成小康社会目标决胜之年，也是农村人居环境整治三年行动收官之年，做好农村人居环境整治工作至关重要。中央农村工作领导小组办公室、农业农村部印发《2020年农村人居环境整治工作要点》，其中提出：强化政策支持，安排中央预算内投资支持中西部等欠发达地区以县为单位开展农村人居环境整治，稳妥实施农村厕所革命整村推进奖补政策。强化检查激励，抓好国务院农村人居环境整治大检查问题整改，建立完善问题投诉反映机制，落实国务院督查激励措施。强化宣传引导，加强有关政策宣贯和知识科普，把人居环境建设作为文明村镇创建的重要内容，进一步动员妇女、青少年等参与农村人居环境整治。行动实施后，各地全面扎实推进农村人居环境整治，扭转了农村长期以来存在的脏乱差局面。2021年，中共中央办公厅、国务院办公厅印发《农村人居环境整治提升五年行动方案（2021—2025年）》，在扎实推进农村厕所革命、加快推进农村生活污水治理、全面提升农村生活垃圾治理水平、推动村容村貌整体提升、建立健全长效管护机制等方面提出了具体措施和要求。

二、推进乡村绿色发展，促进乡村振兴

党的十八大以来，中国推进农村环境综合整治，大力推进畜禽养殖污染防治，打好农业面源污染治理攻坚战，强化秸秆综合利用与禁烧，持续发力、久久为功，不断加大农村环境整治力度，取得积极成效。

农村环境脏乱差面貌明显改善，90%以上村庄环境基本达到干净整洁水平。具体举措有：（1）建立回收利用体系，抓住减量化这一农村垃圾治理的关键。2019年10月，中央农村工作领导小组办公室、农业农村部、住建部、供销合作总社在河南兰考县召开现场会，推广兰考等地农村生活垃圾分类经验。通过开展农村生活垃圾分类百县示范，推动示范县80%的乡镇、64%的行政村实行分类，垃圾平均减量30%以上。（2）建立健全收运处置体系，抓住无害化处置这一农村垃圾治理的根本。住建部印发《关于建立健全农村生活垃圾收集、转运和处置体系的指导意见》，明确县级统筹建设和运行城乡生活垃圾收运处置设施的主体责任。建立省级工作台账，掌握每个县（市、区）农村生活垃圾收运处置情况。（3）构建村庄保洁长效机制。各地通过以工代赈、工资补助等形式，设立村庄保洁公益性岗位，全面建立村庄保洁制度。全国平均每个自然村一名保洁员，有条件的地方建立了城乡统一的保洁机制。（4）非正规垃圾堆放点整治。2019年起，建立滚动销号制度，按季度通报各地整治进度，约谈进度落后省份。2020年起，实行月度通报，组织第三方抽样核实，共现场抽查1500多个堆放点整治情况。通过一系列举措，农村形成了良好的整治氛围，村庄环境卫生基本达到干净整洁有序，农村生活垃圾问题得到有效治理。

厕所革命在各地渐次铺开。开展厕所粪污治理，合理选择改厕模式，推进厕所革命；推进户用卫生厕所建设和改造，同步实施厕所粪污治理；引导农村新建住房配套建设无害化卫生厕所，人口规模较大村庄配套建设公共厕所；加强改厕与农村生活污水治理的有效衔接等。2019年至2020年，中央财政安排144亿元，采取先建后补、以奖代补等方式支持和引导各地推动有条件的农村普及卫生厕所。中央预算内

投资60亿元,支持中西部地区以县为单位推进农村厕所粪污治理等农村人居环境整治。截至2020年底,全国农村卫生厕所普及率达68%以上。2018年以来,每年提高约5个百分点,累计改造农村户厕4000多万个。[1]

建立农村生活污水治理体系取得初步成效。针对农业面源污染主要来自种植业和养殖业两个方面的情况,2015年4月农业部发布《关于打好农业面源污染防治攻坚战的实施意见》,2018年11月生态环境部、农业农村部联合印发《农业农村污染治理攻坚战行动计划》,不断加强对农业面源污染的治理。2020年全国化肥农药使用量持续减少,三大粮食作物化肥农药利用率分别达到40.2%和40.6%;农业废弃物资源化利用水平稳步提升,畜禽粪污综合利用率达到75%,秸秆综合利用率、农膜回收率分别达到86.7%、80%,农村生活污水治理率达25.5%。[2]

表6-3　2014—2020年部分文件中关于农村环境治理的目标设定情况

年份	文件名	内　　容
2014	关于改善农村人居环境的指导意见	到2020年,全国农村居民住房、饮水和出行等基本生活条件明显改善,人居环境基本实现干净、整洁、便捷,建成一批各具特色的美丽宜居村庄。该指导意见促进形成了改善人居环境与提升乡风文明相互促进的良好局面,推动建设清洁卫生的宜居环境和农民群众安居乐业的美丽乡村。
2015	全面推进农村垃圾治理的指导意见	到2020年全面建成小康社会时,全国90%以上村庄的生活垃圾得到有效治理,实现有齐全的设施设备、有成熟的治理技术、有稳定的保洁队伍、有长效的资金保障、有完善的监管制度;农村畜禽粪便基本实现资源化利用,农作物秸秆综合利用率达到85%以上,农膜回收率达到80%以上;农村地区工业危险废物无害化利用处置率达到95%。

---

[1]《全国农村卫生厕所普及率超68%》,《人民日报》2021年4月8日。
[2] 中国农业科学院、中国农业绿色发展研讨会:《中国农业绿色发展报告(2020)》,2021年7月24日。

续表

年份	文件名	内容
2018	国家乡村振兴战略规划（2018—2022年）	到2020年，乡村振兴的制度框架和政策体系基本形成，各地区各部门乡村振兴的思路举措得以确立，全面建成小康社会的目标如期实现。到2022年，乡村振兴的制度框架和政策体系初步健全。国家粮食安全保障水平进一步提高，现代农业体系初步构建，农业绿色发展全面推进；农村一二三产业融合发展格局初步形成，乡村产业加快发展，农民收入水平进一步提高，脱贫攻坚成果得到进一步巩固；农村基础设施条件持续改善，城乡统一的社会保障制度体系基本建立；农村人居环境显著改善，生态宜居的美丽乡村建设扎实推进；城乡融合发展体制机制初步建立，农村基本公共服务水平进一步提升；乡村优秀传统文化得以传承和发展，农民精神文化生活需求基本得到满足；以党组织为核心的农村基层组织建设明显加强，乡村治理能力进一步提升，现代乡村治理体系初步构建。探索形成一批各具特色的乡村振兴模式和经验，乡村振兴取得阶段性成果。
2018	农村人居环境整治三年行动方案	到2020年，实现农村人居环境明显改善，村庄环境基本干净整洁有序，村民环境与健康意识普遍增强。东部地区、中西部城市近郊区等有基础有条件的地区，人居环境质量全面提升，基本实现农村生活垃圾处置体系全覆盖，基本完成农村户用厕所无害化改造，厕所粪污基本得到处理或资源化利用，农村生活污水治理率明显提高，村容村貌显著提升，管护长效机制初步建立。中西部有较好基础、基本具备条件的地区，人居环境质量得到较大提升，力争实现90%左右的村庄生活垃圾得到治理，卫生厕所普及率达到85%左右，生活污水乱排乱放得到管控，村内道路通行条件明显改善。地处偏远、经济欠发达等地区，在优先保障农民基本生活条件基础上，实现人居环境干净整洁的基本要求。
2019	农村人居环境整治村庄清洁行动方案	以"清洁村庄助力乡村振兴"为主题，以影响农村人居环境的突出问题为重点，动员广大农民群众，广泛参与、集中整治，着力解决村庄环境脏乱差问题，实现村庄内垃圾不乱堆乱放，污水乱泼乱倒现象明显减少，粪污无明显暴露，杂物堆放整齐，房前屋后干净整洁，村庄环境干净、整洁、有序，村容村貌明显提升，文明村规民约普遍形成，长效清洁机制逐步建立，村民清洁卫生文明意识普遍提高。
2020	2020年农村人居环境整治工作要点	扎实推进农村人居环境整治面上工作，抓好国务院农村人居环境整治大检查问题整改，举办全国农村人居环境整治工作培训班，研究谋划新一轮农村人居环境整治行动方案。整治提升村容村貌，以"干干净净迎小康"为主题深入开展村庄清洁行动。指导督促各地加强农村生活垃圾收运处置体系建设，深入推进垃圾围坝整治，积极推进再生资源回收利用网络与环卫清运网络"两网融合"。抓好农村黑臭水体治理试点，指导推动各地加快编制县域农村生活污水治理专项规划，督促指导各级河长湖长履职尽责。指导各地分类推进农村厕所革命，进一步提升农村改厕质量和成效，到2020年东部地区、中西部城市近郊区等有基础有条件的地区基本完成农村户用厕所无害化改造。推进农业生产废弃物资源化利用，完善建设和管护机制，加强村庄规划管理。

三、加强农业农村污染治理，改善农村生态环境

中国加强农村生态文明建设，加快解决农业农村突出环境问题，有力推进了农业绿色低碳发展和美丽乡村建设，增强了农民群众的幸福感和获得感。生态环境部等七部委联合印发的《"十四五"土壤、地下水和农村生态环境保护规划》指出，"十三五"期间，全国农业农村生态环境保护取得进展。中央财政安排专项资金258亿元，支持15万个行政村开展环境整治。全国农村生活垃圾进行收运处理的行政村比例超过90%，排查出的2.4万个非正规垃圾堆放点基本完成整治。规模养殖场粪污处理设施装备配套率达到97%。全国农村生活污水治理率达到25.5%。各地基本完成县域农村生活污水治理专项规划编制，10省（区、市）的34个县区开展农村生活污水（黑臭水体）治理试点。

"十四五"时期，中国将全面推进乡村振兴和农业农村现代化。一是立足"三农"实际和"十四五"发展需求，持续推进农村人居环境整治和农业面源污染防治，确定深入打好攻坚战的主要目标指标，即到2025年，农村生活污水治理率达到40%，基本消除较大面积的农村黑臭水体，化肥农药利用率达到43%，全国畜禽粪污综合利用率达到80%以上。二是持续推进农村人居环境整治，坚持系统观念，各项工作统筹规划、有效衔接，促进污染协同治理。坚持因地制宜，推进各地充分考虑本地区基础条件，推进农村厕所革命、生活污水治理、生活垃圾治理，加快整治农村黑臭水体，有效改善农村人居环境。三是各部门协同发力，强化创新机制。经济政策方面，推动落实农业农村污染治理地方财政事权。积极拓展融资渠道，发挥绿色金融作用。推动农村生活污水治理用电、用地保障政策落地实施。监督考核方面，对农业农村污染治理攻坚战实施成效进行考核，突出重点地区，强化技术指导和监督帮扶。实行农村黑臭水体整治等信息公开，引导村民和社会公众积极参与农业农村污染治理。能力建设方面，推进农业农村生态环境监测监察执法，加快农村环境监测体系建设，强化农业面源污染监测，提高环境监管信息化水平。

第七章　携手共建清洁美丽的地球绿色家园

生态文明建设不仅是中华民族的千年大计，更关乎全人类命运的发展，习近平总书记指出："建设生态文明关乎人类未来。国际社会应该携手同行，共谋全球生态文明建设之路，牢固树立尊重自然、顺应自然、保护自然的意识，坚持走绿色、低碳、循环、可持续发展之路。"[1]党的十八大以来，中国阐述构建人类命运共同体理念和人与自然生命共同体理念，提出全球生态环境治理的中国方案，参与和引领全球生态文明建设，稳步推进"双碳"战略，展现大国担当，推动建设持久和平、普遍安全、共同繁荣、开放包容、清洁美丽的世界。

第一节　提出全球生态环境治理的中国方案

"各国相互联系、相互依存的程度空前加深，人类生活

---

〔1〕《十八大以来重要文献选编》（中），中央文献出版社2016年版，第697—698页。

在同一个地球村里，生活在历史和现实交汇的同一个时空里，越来越成为你中有我、我中有你的命运共同体。"[1] 如何处理人与自然的关系是现代文明必须回答的时代命题，习近平总书记从人类共同未来的高度强调："我们要构筑尊崇自然、绿色发展的生态体系。人类可以利用自然、改造自然，但归根结底是自然的一部分，必须呵护自然，不能凌驾于自然之上。我们要解决好工业文明带来的矛盾，以人与自然和谐相处为目标，实现世界的可持续发展和人的全面发展。"[2]

一、全面阐述人类命运共同体理念

人类命运共同体是一个关系着人类未来发展的伟大构想和蓝图，2012年，党的十八大强调"要倡导人类命运共同体意识"，习近平总书记多次在重要场合阐述人类命运共同体理念。

习近平就任总书记后首次会见外国人士时表示，国际社会日益成为一个你中有我、我中有你的命运共同体，面对世界经济的复杂形势和全球性问题，任何国家都不可能独善其身。2015年，国家主席习近平出席博鳌亚洲论坛年会时指出，"我们要通过迈向亚洲命运共同体，推动建设人类命运共同体"[3]，强调坚持各国相互尊重、平等相待，坚持合作共赢、共同发展，坚持实现共同、综合、合作、可持续的安全，坚持不同文明兼容并蓄、交流互鉴"迈向命运共同体"。同年，国家主席习近平在纽约联合国总部发表重要讲话指出，"当今世界，各国相互依存、休戚与共。我们要继承和弘扬联合国宪章的宗旨和原则，构建以合作共赢为核心的新型国际关系，打造人类命运共同体。"[4] 2017年，习近平总书记在十九大报告中强调，坚持和平发展道路，推动构建人类命运共同体，促进全球治理体系变革。

---

[1]《习近平总书记系列重要讲话读本》，人民出版社、学习出版社2014年版，第147页。
[2]《十八大以来重要文献选编》(中)，中央文献出版社2016年版，第697页。
[3]《迈向命运共同体 开创亚洲新未来》，《人民日报》2015年3月29日。
[4]《十八大以来重要文献选编》(中)，中央文献出版社2016年版，第695页。

2018年，十三届全国人大一次会议通过的宪法修正案，将序言第十二自然段中"发展同各国的外交关系和经济、文化的交流"修改为"发展同各国的外交关系和经济、文化交流，推动构建人类命运共同体"。坚持推动构建人类命运共同体，已经成为中国引领时代潮流和人类文明进步方向的鲜明旗帜，为中国树立起维护世界和平、促进共同发展的形象，让世界更好地了解中国、理解中国，也让中国更好地走近世界舞台中央。2021年，国家主席习近平出席领导人峰会并发表重要讲话，全面系统阐释共同构建人与自然生命共同体理念的丰富内涵和核心要义，并强调面对全球环境治理前所未有的困难，国际社会要以前所未有的雄心和行动，共商应对气候变化挑战之策，共谋人与自然和谐共生之道，勇于担当，勠力同心，坚持人与自然和谐共生、坚持绿色发展、坚持系统治理、坚持以人为本、坚持多边主义、坚持共同但有区别的责任原则，共同构建人与自然生命共同体。

二、人类命运共同体理念是全球生态文明建设的理论基础

人类命运共同体理念和人与自然生命共同体理念以马克思共同体思想为理论基础，以中国优秀传统文化为思想基础，以世界历史经验为实践基础，是全球生态文明建设的重要理论构成。构建人类命运共同体和构建人与自然生命共同体是实现人类持久和平和共同繁荣的时代宣言和伟大构想，也是推动全球生态文明建设的理论指引。

作为构建人类命运共同体的重要内容，人与自然的生命共同体表明一个生命系统中的所有生物之间构成互相依存、互相补充、和谐共生的特定关系。马克思指出，"人本身是自然界的产物，是在自己所处的环境中并且和这个环境一起发展起来的"[1]，"我们连同我们的肉、血和头脑都是属于自然界和存在于自然界之中的"[2]。人与自然的命运共同体包含着人与自然和谐共生的关系，将人与自然视为一个不可分割的共同

---

[1]《马克思恩格斯选集》第3卷，人民出版社2012年版，第410页。
[2]《马克思恩格斯选集》第3卷，人民出版社2012年版，第998页。

体、构建人与自然的命运共同体，共谋全球生态文明建设是构建人类命运共同体的题中应有之义，保护生态环境就是建构人类命运共同体。

古代中国提出"天下"观念，它既代表一种社会秩序，也代表一种社会责任。"天下"观念把这个世界当作一个家庭，把这个世界上每个人的生活和命运都当作一个社会的整体，强调"天下兴亡，匹夫有责"。人类命运共同体与中国古老的世界观相适应，把我们所有人的未来和前途命运都当作自己的职责。随着全球化的推进，世界各国之间政治、经济、社会、文化等各个方面交流融合，促进了世界各国共同利益的产生和形成，同时也要求世界各国积极推动全球化交流，担负建设地球生态文明的责任，促进人类文明融合发展。同时，古代中国倡导和谐文化，主张社会和谐、人与自然和谐，希望各个地区和国家平等地对待其他地区和国家，人类命运共同体理念继承了和谐文化，体现在社会和谐方面，即希望所有国家寻求共同点，合理对待分歧求同存异；体现在人与自然和谐方面，即希望所有的国家都充分地尊重人类和自然，积极负责地解决全球生态问题。

人类社会已经进入世界历史的时代，世界历史的特征以及人类生存和发展的重要性比以往任何时候都更加突出。随着世界不断进步，各个国家民族之间的关系从未像如今这么紧密，超越国家和民族的界限。然而，人类在高速发展中面临诸多全球性复杂问题，传统安全威胁和非传统安全威胁的因素相互交织，集中体现在生态环境领域，则表现为全球气候变化、水资源短缺、生物多样性锐减等方面，部分国家和地区的环境问题所产生的影响和危害往往波及周边甚至全球各个国家和地区，构建一个促进人类社会发展的和平环境仍任重道远。

三、以人类命运共同体理念引导共建全球生态文明

人类命运共同体理念获得国际社会普遍认可和赞赏。2017年1月，国家主席习近平在联合国日内瓦总部发表演讲，深入阐述了共同构建人类命运共同体这一时代命题，引起各方热烈反响。3月，中国常驻联合国日内瓦办事处和瑞士其他国际组织代表马朝旭大使在联合国人权理事

会第 34 次会议上，代表 140 个国家发表题为《促进和保护人权，共建人类命运共同体》的联合声明，强调"当前，世界多极化、经济全球化深入发展，各国相互联系、相互依存，命运与共。同时，全球性挑战威胁各国人民的安全和福祉。为维护世界和平，实现共同发展，促进和保护人权，各国应共同构建人类命运共同体，建设一个持久和平、普遍安全、共同繁荣、开放包容、清洁美丽的世界。"[1] 3 月 23 日，这次会议通过关于"经济、社会、文化权利"和"粮食权"两个决议，决议明确表示要"构建人类命运共同体"，呼吁各国共同努力，构建相互尊重、公平正义、合作共赢的新型国际关系，实现合作共赢。这是人类命运共同体理念首次载入联合国人权理事会决议。[2]

2018 年 4 月，国家主席习近平出席博鳌亚洲论坛年会并做主旨演讲，他指出："从顺应历史潮流、增进人类福祉出发，我提出推动构建人类命运共同体的倡议，并同有关各方多次深入交换意见。我高兴地看到，这一倡议得到越来越多国家和人民欢迎和认同，并被写进了联合国重要文件。我希望，各国人民同心协力、携手前行，努力构建人类命运共同体，共创和平、安宁、繁荣、开放、美丽的亚洲和世界"。[3] 构建人类命运共同体和人与自然生命共同体从人类共同利益的立场出发来审视生态问题，为构筑全球生态体系、引领全球治理贡献中国方案，是中国在全球化时代解决人类问题提出的中国方案，这标志着中国引领世界历史进程的理论自觉，增强了中国特色社会主义生态文明的超越性和引领世界生态文明的信心，中国将以自己的行动成为全球生态文明建设的重要参与者、贡献者、引领者。

---

[1]《中国代表 140 个国家发表关于促进和保护人权共建人类命运共同体的联合声明》，《人民日报》2017 年 3 月 2 日。

[2]《人类命运共同体理念首次载入联合国人权理事会决议》，《人民日报》2017 年 3 月 25 日。

[3] 习近平：《开放共创繁荣 创新引领未来——在博鳌亚洲论坛 2018 年年会开幕式上的主旨演讲》，《人民日报》2018 年 4 月 11 日。

第二节 把碳达峰、碳中和纳入生态文明建设整体布局

习近平总书记强调,"实现碳达峰、碳中和是我国向世界作出的庄严承诺,也是一场广泛而深刻的经济社会变革,绝不是轻轻松松就能实现的。"[1] 应对气候变化,事关中华民族永续发展,关乎人类前途命运。作为世界上最大的发展中国家,中国克服困难并将应对气候变化摆在国家治理更加突出的位置,不断提高碳排放强度削减幅度,不断强化自主贡献目标,以最大努力提高应对气候变化力度,应对气候变化取得了积极成效。2020年9月,国家主席习近平在第75届联合国大会一般性辩论上郑重宣示:中国将提高国家自主贡献力度,采取更加有力的政策和措施,二氧化碳排放力争于2030年前达到峰值,努力争取2060年前实现碳中和。中国正在为实现这一目标而付诸行动,展现建设美丽世界的大国担当。

一、展现建设美丽世界的大国担当

工业革命以来,随着工业化和城市化的推进,人类生产生活产生了大量的二氧化碳,尤其是发达国家大量消费化石能源更是造成了二氧化碳的过量排放,大气中温室气体浓度增加,加剧了全球气候变暖。世界气象组织发布的《2020年全球气候状况》报告表明,2020年是有记录以来三个最暖的年份之一,全球平均温度比工业化前(1850—1900年)约高1.2℃。

气候变化对全球自然生态系统产生显著影响,温度升高、海平面上升、极端气候事件频发给人类的生存和发展带来严峻挑战,对全球粮食、水、生态、能源、基础设施以及民众生命财产安全构成长期重大威

---

[1] 习近平:《论把握新发展阶段、贯彻新发展理念、构建新发展格局》,中央文献出版社2021年版,第540页。

胁，应对气候变化刻不容缓。1992年联合国大会通过《气候变化框约》，提出限制温室气体排放，将大气温室气体浓度维持在一个稳定的水平。1995年，联合国在日本京东召开气候大会，会议通过《京都议定书》，对发达国家温室气体排放进行了限定，要求经济发达国家温室气体的排放总量从2008年到2012年要在1990年的基础上减少5.2%，规定对发展中国家不课以新的限制排放义务，发达国家要从资金和技术上帮助发展中国家实施减少有害气体排放工程。2007年至2013年间国际社会又在巴厘岛、波兹南、哥本哈根、坎昆、德班、多哈以及华沙召开气候大会，制定了"巴厘路线图"、通过了《哥本哈根协议》，进一步明确了发达国家和发展中国家"共同但有区别的责任"原则。

2015年，国家主席习近平出席气候变化巴黎大会并发表重要讲话，为达成2020年后全球合作应对气候变化的《巴黎协定》作出历史性贡献。2016年9月，国家主席习近平亲自交存中国批准《巴黎协定》的法律文书，推动《巴黎协定》快速生效，展示了中国应对气候变化的雄心和决心。在全球气候治理面临重大不确定性时，国家主席习近平多次表明中方坚定支持《巴黎协定》的态度，为推动全球气候治理指明了前进方向，注入了强劲动力。2020年9月，国家主席习近平在第75届联合国大会一般性辩论上宣布中国将提高国家自主贡献力度，表明了中国全力推进新发展理念的坚定意志，彰显了中国愿为全球应对气候变化作出新贡献的明确态度。12月，国家主席习近平在气候雄心峰会上宣布，到2030年中国将实现二氧化碳减排、非化石能源发展、森林蓄积量提升等一系列新目标。2021年10月，国家主席习近平出席《生物多样性公约》第十五次缔约方大会领导人峰会并发表主旨讲话，强调为推动实现碳达峰、碳中和目标，中国将陆续发布重点领域和行业碳达峰实施方案和一系列支撑保障措施，构建起碳达峰、碳中和"1+N"政策体系。

中国积极为广大发展中国家应对气候变化提供力所能及的支持和帮助，同广大发展中国家开展应对气候变化南南合作，尽己所能帮助发展中国家特别是小岛屿国家、非洲国家和最不发达国家提高应对气候变化能力，减少气候变化带来的不利影响，中国应对气候变化南南合作成果看得见、摸得着、有实效。2011年以来，中国累计安排约12亿元人民币用于开展应对气候变化南南合作，与35个国家签署40份合作文件，通过建设低碳示范区，援助气象卫星、光伏发电系统和照明设备、新能源汽车、环境监测设备、清洁炉灶等应对气候变化相关物资，帮助有关国家提高应对气候变化能力，同时为近120个发展中国家培训了约2000名应对气候变化领域的官员和技术人员。[1]

二、稳步推进碳达峰和碳中和工作

中国高度重视控制碳排放，提倡低碳生产和生活方式。2013年，政府工作报告要求重点抓好工业、交通、建筑、公共机构等领域的节能工作，控制能源消费总量，降低能耗、物耗和二氧化碳排放强度。2014年的政府工作报告提出推动能源生产和消费方式变革，加大节能减排力度，控制能源消费总量，实现能源消耗强度要降低3.9%以上，二氧化硫、化学需氧量排放量都要减少2%，并在次年的政府工作报告中提出大力发展绿色能源和循环经济的要求，把节能环保产业打造成新兴的支柱产业。"十三五"开年，党和政府提出实现单位国内生产总值用水量、能耗、二氧化碳排放量分别下降23%、15%、18%的具体要求。2018年的政府工作报告中，明确当年单位国内生产总值能耗下降3%以上，实现二氧化硫物排放量和氮氧化物排放量下降3%，重点地区PM2.5浓度继续下降。2021年政府工作报告指出，通过一系列攻坚措施，单位国内生产总值能耗降低3%左右。

2021年，中共中央、国务院发布的《关于完整准确全面贯彻新发展理念做好碳达峰碳中和工作的意见》，强调把碳达峰、碳中和纳入经济社会发展全局，坚持全国统筹、节约优先、双轮驱动、内外畅通、防范风险原则，建立了宏观—中观—微观的碳达峰、碳中和战略布局，明确了短期—中期—长期的行动目标。到2025年，绿色低碳循环发展的经济体系初步形成，重点行业能源利用效率大幅提升。单位国内生产总

---

[1] 国务院新闻办公室：《中国应对气候变化的政策与行动》白皮书，2021年10月。

值能耗比 2020 年下降 13.5%；单位国内生产总值二氧化碳排放比 2020 年下降 18%；非化石能源消费比重达到 20% 左右；森林覆盖率达到 24.1%，森林蓄积量达到 180 亿立方米，为实现碳达峰、碳中和奠定坚实基础。到 2030 年，经济社会发展全面绿色转型将取得显著成效，重点耗能行业能源利用效率达到国际先进水平。具体为：单位国内生产总值能耗大幅下降；单位国内生产总值二氧化碳排放比 2005 年下降 65% 以上；非化石能源消费比重达到 25% 左右，风电、太阳能发电总装机容量达到 12 亿千瓦以上；森林覆盖率达到 25% 左右，森林蓄积量达到 190 亿立方米，二氧化碳排放量达到峰值并实现稳中有降。到 2060 年，绿色低碳循环发展的经济体系和清洁低碳安全高效的能源体系将全面建立，能源利用效率达到国际先进水平，非化石能源消费比重达到 80% 以上，碳中和目标顺利实现，生态文明建设取得丰硕成果，开创人与自然和谐共生新境界。

为落实碳达峰、碳中和的重大战略决策，扎实推进碳达峰行动，国务院印发《2030 年前碳达峰行动方案》，以"总体部署、分类施策"、"系统推进、重点突破"、"双轮驱动、两手发力"和"稳妥有序、安全降碳"为工作原则，将碳达峰贯穿于经济社会发展全过程和各方面，重点实施能源绿色低碳转型行动、节能降碳增效行动、工业领域碳达峰行动、城乡建设碳达峰行动、交通运输绿色低碳行动、循环经济助力降碳行动、绿色低碳科技创新行动、碳汇能力巩固提升行动、绿色低碳全民行动、各地区梯次有序碳达峰行动等"碳达峰十大行动"。

三、低碳转型发展不断取得新成效

中国贯彻新发展理念，将应对气候变化摆在国家治理更加突出的位置，不断提高碳排放强度削减幅度，不断强化自主贡献目标，以最大努力提高应对气候变化能力，推动经济社会发展全面绿色转型，建设人与自然和谐共生的现代化国家。[1]

---

[1] 国务院新闻办公室：《中国应对气候变化的政策与行动》白皮书，2021 年 10 月。

中国坚定不移走绿色、低碳、可持续发展道路，致力于将绿色发展理念融汇到经济建设的各方面和全过程，绿色已成为经济高质量发展的亮丽底色，在经济社会持续健康发展的同时，碳排放强度显著下降。2020年中国碳排放强度比2015年下降18.8%，比2005年下降48.4%，超额完成了中国向国际社会承诺的到2020年下降40%—45%的目标，累计少排放二氧化碳约58亿吨，基本扭转了二氧化碳排放快速增长的局面。

中国坚定不移实施能源安全新战略，能源生产和利用方式发生重大变革，能源发展取得历史性成就，为服务高质量发展、打赢脱贫攻坚战和全面建成小康社会提供重要支撑，为应对气候变化、建设清洁美丽世界作出积极贡献。中国把非化石能源放在能源发展优先位置，大力开发利用，推进能源绿色低碳转型。能耗方面，中国成为全球能耗强度降低最快的国家之一，2011年至2020年能耗强度累计下降28.7%。能源消费结构方面，中国严控煤炭消费，煤炭消费占比持续明显下降，2020年中国能源消费总量控制在50亿吨标准煤以内，煤炭占能源消费总量比重由2005年的72.4%下降至2020年的56.8%，与之对应，非化石能源占能源消费总量比重提高到15.9%，比2005年提升了8.5个百分点。能源发展支持脱贫攻坚方面，中国累计建成超过2600万千瓦光伏扶贫电站，成千上万座"阳光银行"遍布贫困农村地区，惠及约6万个贫困村415万贫困户，形成了光伏与农业融合发展的创新模式，助力打赢脱贫攻坚战。

中国坚持把生态优先、绿色发展的要求落实到产业升级之中，持续推动产业绿色低碳化和绿色低碳产业化，努力走出了一条产业发展和环境保护双赢的生态文明发展新路。产业结构进一步优化，2020年中国第三产业增加值占国内生产总值比重达到54.5%，比2015年提高3.7个百分点，高于第二产业16.7个百分点。节能环保等战略性新兴产业快速壮大并逐步成为支柱产业，高技术制造业增加值占规模以上工业增加值比重为15.1%；新能源产业蓬勃发展，中国新能源汽车生产和销售规模连续六年位居全球第一，截至2021年6月，新能源汽车保有量已达603

万辆。中国风电、光伏发电设备制造形成了全球最完整的产业链,技术水平和制造规模居世界前列,新型储能产业链日趋完善,技术路线多元化发展,为全球能源清洁低碳转型提供了重要保障。截至2020年底,中国多晶硅、光伏电池、光伏组件等产品产量占全球总产量份额均位居全球第一,连续八年成为全球最大新增光伏市场;光伏产品出口到200多个国家及地区,降低了全球清洁能源使用成本;新型储能装机规模约330万千瓦,位居全球第一。绿色节能建筑实现跨越式增长,中国全面深入推进绿色建筑和建筑节能,充分释放建筑领域巨大的碳减排潜力。截至2020年底,城镇新建绿色建筑占当年新建建筑比例高达77%,累计建成绿色建筑面积超过66亿平方米,累计建成节能建筑面积超过238亿平方米,节能建筑占城镇民用建筑面积比例超过63%。中国坚定不移推进交通领域节能减排,绿色交通体系日益完善,走出了一条能耗排放做"减法"、经济发展做"加法"的新路子。

中国坚持多措并举,有效发挥森林、草原、湿地、海洋、土壤、冻土等的固碳作用,持续巩固提升生态系统碳汇能力。中国是全球森林资源增长最多和人工造林面积最大的国家,成为全球"增绿"的主力军。2010年至2020年,中国实施退耕还林还草约1.08亿亩。2020年底,中国森林面积2.2亿公顷,森林覆盖率达到23.04%,草原综合植被覆盖度达到56.1%,湿地保护率达到50%以上,森林植被碳储备量91.86亿吨,"地球之肺"发挥了重要的碳汇价值。"十三五"期间,中国累计完成防沙治沙面积1097.8万公顷,完成石漠化治理面积165万公顷,新增水土流失综合治理面积31万平方公里,塞罕坝、库布齐等创造了一个个"荒漠变绿洲"的绿色传奇;修复退化湿地46.74万公顷,新增湿地面积20.26万公顷。截至2020年底,中国建立了国家级自然保护区474处,总面积超过陆域国土面积的十分之一,累计建成高标准农田8亿亩,整治修复岸线1200公里,滨海湿地2.3万公顷,生态系统碳汇功能得到有效保护。

践行绿色生活已成为建设美丽中国的必要前提,也正在成为全社会共建美丽中国的自觉行动。中国长期开展全国节能宣传周、全国低碳日、世界环境日等活动，向社会公众普及气候变化知识，积极在国民教育体系中突出包括气候变化和绿色发展在内的生态文明教育，组织开展面向社会的应对气候变化培训。"美丽中国，我是行动者"活动在中国大地上如火如荼展开。以公交、地铁为主的城市公共交通日出行量超过2亿人次，骑行、步行等城市慢行系统建设稳步推进，绿色、低碳出行理念深入人心。从"光盘行动"、反对餐饮浪费、节水节纸、节电节能，到环保装修、拒绝过度包装、告别一次性用品，绿色低碳节俭风吹进千家万户，简约适度、绿色低碳、文明健康的生活方式成为社会新风尚。

碳排放交易市场的建设方面，全国碳排放权交易市场于2021年7月16日正式上线，碳市场作为推动正外部效益内生化的重要市场机制，利用市场化力量有效激励和约束控排企业降碳转型。上海环境能源交易所公布的数据显示，2021年12月31日，全国碳排放权交易市场第一个履约周期顺利结束，共纳入发电行业重点排放单位2162家，年覆盖温室气体排放量约45亿吨二氧化碳。按履约量计，完成率为99.5%。

习近平总书记强调，应对气候变化是中国可持续发展的内在要求，也是负责任大国应尽的国际义务，这不是别人要我们做，而是我们自己要做。中国一直是生态文明的践行者，全球气候治理的行动派，从多个领域系统性地推动碳达峰、碳中和工作，积极参与应对气候变化国际谈判，加强国际交流合作，统筹国内外工作，主动参与全球气候和环境治理，同时积极参与国际规则和标准制定，推动建立公平合理、合作共赢的全球气候治理体系，充分体现中国作为一个发展中大国的责任担当，为推动构建人类命运共同体、建设清洁美丽的地球家园作出巨大努力。

第三节 引领全球生态文明建设

中国积极引领全球生态文明建设，牵头建立"一带一路"绿色发展国际联盟,支持其他发展中国家共建美丽地球,参与推动全球生态治理体系构建,推动全球生态多样性保护,为构建人与自然生命共同体、共建地球生命共同体进行了深入探索,作出了重大贡献。

一、牵头建立"一带一路"绿色发展国际联盟

2013年,国家主席习近平提出建设"丝绸之路经济带"和"21世纪海上丝绸之路"的合作倡议,"一带一路"借用古代丝绸之路的历史符号,积极发展与沿线国家的经济合作伙伴关系,共同打造政治互信、经济融合、文化包容的利益共同体、命运共同体和责任共同体。

2015年,中国发布《推动共建丝绸之路经济带和21世纪海上丝绸之路的愿景与行动》,提出推进基础设施绿色低碳化建设和运营管理,加强生态环境、生物多样性和应对气候变化合作,共建绿色丝绸之路。2017年,中国发布的《关于推进绿色"一带一路"建设的指导意见》与《"一带一路"生态环境保护合作规划》,将生态文明、生态环保、绿色发展列为"一带一路"建设的重要特征,对"一带一路"绿色发展的目标、内涵、范围、路径等作出具体规定。

《关于推进绿色"一带一路"建设的指导意见》强调要以和平合作、开放包容、互学互鉴、互利共赢的"丝绸之路"精神为指引,牢固树立创新、协调、绿色、开放、共享发展理念,坚持各国共商、共建、共享,遵循平等、追求互利,全面推进"五通"绿色化进程,建设生态环保交流合作、风险防范和服务支撑体系,搭建沟通对话、信息支撑、产业技术合作平台,推动构建政府引导、企业推动、民间促进的立体合作格局,为推动绿色"一带一路"建设作出积极贡献。

《"一带一路"生态环境保护合作规划》提出"理念先行、绿色引领"、"共商共建、互利共赢"、"政府引导、多元参与"和"统筹推进、示范带动"等原则,明确发展目标包括:到2025年,推进生态文明和绿色发展理念融入"一带一路"建设,夯实生态环保合作基础,形成生态环保合作良好格局。以六大经济走廊为合作重点,进一步完善生态环保合作平台建设,提高人员交流水平;制定落实一系列生态环保合作支持政策,加

强生态环保信息支撑；在铁路、电力等重点领域树立一批优质产能绿色品牌；一批绿色金融工具应用于投资贸易项目，资金呈现向环境友好型产业流动趋势；建成一批环保产业合作示范基地、环境技术交流与转移基地、技术示范推广基地和科技园区等国际环境产业合作平台。推动实现2030年可持续发展议程环境目标，深化生态环保合作领域，全面提升生态环保合作水平。

中国坚持把绿色作为底色，携手各方共建绿色丝绸之路，强调积极应对气候变化挑战，倡议加强在落实《巴黎协定》等方面的务实合作。2021年，中国与28个国家共同发起"一带一路"绿色发展伙伴关系倡议，呼吁各国根据公平、共同但有区别的责任和各自能力原则，结合各自国情采取气候行动以应对气候变化。中国同有关国家一道实施"一带一路"应对气候变化南南合作计划，成立"一带一路"能源合作伙伴关系，促进共建"一带一路"国家开展生态环境保护和应对气候变化。

2022年，国家发改委、生态环境部等部门联合印发《关于推进共建"一带一路"绿色发展的意见》，围绕推进绿色发展重点领域合作、推进境外项目绿色发展及完善绿色发展支撑保障体系等提出了具体要求，强调到2025年，共建"一带一路"生态环保与气候变化国际交流合作不断深化，绿色丝绸之路理念得到各方认可，绿色基建、绿色能源、绿色交通、绿色金融等领域务实合作扎实推进，绿色示范项目引领作用更加明显，境外项目环境风险防范能力显著提升，共建"一带一路"绿色发展取得明显成效；到2030年，共建"一带一路"绿色发展理念更加深入人心，绿色发展伙伴关系更加紧密，"走出去"企业绿色发展能力显著增强，境外项目环境风险防控体系更加完善，共建"一带一路"绿色发展格局基本形成。该意见的发布充分体现了我国高质量推动绿色"一带一路"的担当，为完善全球环境治理体制提供了中国方案与中国智慧。

中国积极倡导并推动将绿色生态理念贯穿于共建"一带一路"倡议，与联合国环境规划署签署了关于建设绿色"一带一路"的谅解备忘录，发起"一带一路"绿色发展国际联盟，与30多个沿线国家签署了生态环境保护的合作协议，设立气候变化南南合作基金，启动中非环境合作中心，出资 15 亿元人民币成立昆明生物多样性基金，积极实施"绿色丝路使者计划"。建设绿色丝绸之路已成为落实联合国 2030 年可持续发展议程的重要路径，为全球生态环境保护贡献了中国力量、中国智慧和中国方案。

二、支持其他发展中国家建设美丽地球

中国秉持人与自然和谐共生的生态文明理念，积极为其他发展中国家实施新能源、环境保护和应对气候变化项目，分享绿色发展经验，履行相关国际公约，开展野生动物保护、防治荒漠化等方面国际合作，共同建设美丽地球。[1]

在发展清洁能源领域，中国加大对可再生能源项目的支持，帮助有关发展中国家建设了一批清洁能源项目。比如在加蓬等国开展的清洁能源示范项目，在帮助其增加电力供应的同时，减少其对环境的不利影响。中国支持的肯尼亚加里萨光伏发电站年均发电量超过 7600 万千瓦时，每年帮助其减少 6.4 万吨二氧化碳排放。援斐济小水电站为当地提供清洁、稳定、价格低廉的能源，每年为斐济节省约 600 万元人民币的柴油进口，助力其实现"2025 年前可再生能源占比 90%"的目标。联合国前副秘书长埃里克·索尔海姆表示，"现在，中国是许多绿色技术的全球领导者"，在应对气候变化和保护环境方面，国际社会需要加强合作，交流观点、技术，"中国能够发挥引领作用"[2]。

在促进生物多样性保护领域，中国高度重视生物多样性保护，认真履行野生动物保护国际义务，积极参与野生动物保护国际合作。中国向津巴布韦、肯尼亚、赞比亚等国提供野生动物保护物资，提高其打击盗猎和非法野生动物制品交易的装备水平，加强其野生动物保护能力建设；为蒙古国实施戈壁熊栖息地管理技术援助项目，提供保护区专用设

---

[1] 2021 年 1 月，国务院新闻办公室发布《新时代的中国国际发展合作》白皮书，全面梳理了新时代中国为推动落实联合国 2030 年可持续发展议程在生态文明建设方面做出的突出贡献。

[2]《共同建设清洁美丽的世界》，《人民日报》2021 年 11 月 3 日。

备，帮助其改善戈壁熊栖息地环境质量，使蒙古国"国熊"摆脱濒临灭绝危机。联合国教科文组织驻华代表处代表夏泽翰高度评价中国在生物多样性保护方面做出的突出贡献，认为"联合国生物多样性大会（第一阶段）上，中国推动了各国在生态环境保护方面的合作，共商全球生物多样性治理新战略，取得丰硕成果。"[1]

在支持应对气候变化领域，中国积极开展气候变化南南合作，帮助发展中国家特别是小岛屿国家、非洲国家和最不发达国家提升应对气候变化能力，减少气候变化带来的不利影响。2015年，中国宣布设立气候变化南南合作基金，在发展中国家开展10个低碳示范区、100个减缓和适应气候变化项目及1000个应对气候变化培训名额的"十百千"项目，截至2021年1月，中国已与34个国家开展了合作项目。中国帮助老挝、埃塞俄比亚等国编制环境保护、清洁能源等领域发展规划，加快绿色低碳转型进程；向缅甸等国赠送太阳能户用发电系统和清洁炉灶，既降低碳排放又有效保护了森林资源；赠埃塞俄比亚微小卫星成功发射，帮助其提升气候灾害预警监测和应对气候变化能力。2013年至2018年，中国举办200余期气候变化和生态环保主题研修项目，并在学历学位项目中设置了环境管理与可持续发展等专业，为有关国家培训5000余名人员。联合国秘书长古特雷斯及各国领导人高度认可中国在全球大气治理中做出的贡献，表示中国为全球应对气候变化注入强大动力、发挥引领作用。[2]

在开展沙漠化防治合作领域，中国积极同其他国家分享自身有效的治沙技术和经验，围绕沙漠治理技术、水土流失综合治理等专题，组织实施了多期研修项目。如中国在甘肃打造国际荒漠化和土地沙化防治技术援助交流平台，先后举办了36期中国沙漠治理技术和荒漠化防治国际培训班；2006年首次在宁夏举办阿拉伯国家防沙治沙技术培训班，至2021年1月已举办12期。中国还大力推广竹子、菌草种植与加工技术，

---

[1]《中国生态文明建设经验值得借鉴》，《人民日报》2021年11月1日。
[2]《为人与自然和谐共生绘就光明前景》，《人民日报》2020年10月1日。

在促进有关国家发展经济的同时，有效控制了水土流失和土地退化，为保护生态环境发挥了积极作用。

在保护海洋和森林资源领域，中国为牙买加等国援建水文气象观测技术项目，并帮助乌兹别克斯坦建设自动气象站示范站，支持其海洋防灾减灾项目研究。

三、参与推动全球生态治理体系构建

中国秉持国际合作和多边主义，倡导的人类命运共同体理念和人与自然生命共同体理念，与联合国、国际组织和其他国家共同推动全球生态文明治理建设，推动实现人类命运共同体愿景。具体表现在以下几个方面：

一是积极参与气候变化国际谈判，引导推动《巴黎协定》达成。人类自工业化时代以来，工业文明破坏自然的现象十分突出，对于发达国家和发展中国家来说，双方各自有不同的责任与义务，但分享着同样的机遇。发达国家应当承担起历史遗留的义务和责任，正视自身发展历史的问题，承担最主要的减排任务，与发展中国家分享工业化进程中的经验教训，并帮助发展中国家尽快适应气候变化。作为最大的发展中国家，中国始终积极与包括联合国在内的全球和区域组织合作共同开展国际生态环境治理，承诺并履行了同发展中大国相适应的国际责任和公约义务。中国坚持公平、共同但有区别的责任和各自能力原则，坚持按照公开透明、广泛参与、缔约方驱动和协商一致的原则，引导和推动《巴黎协定》等重要成果文件的达成。联合国气候变化马德里大会主席、智利环境部部长卡罗琳娜·施密特高度肯定中国在全球多边气候谈判中的贡献，称赞中国"为《巴黎协定》及其框架下一系列机制性安排的达成作出了不可或缺的贡献。"[1]

二是积极构建生态环境保护机制。中国推动发起建立"基础四国"（BASIC）部长级会议和气候行动部长级会议等多边磋商机制，积极协调"基础四国"、"立场相近发展中国家"及"七十七国集团和中国"应对

---

[1]《全球气候治理仍是进行时》，《人民日报》2019年12月17日。

气候变化谈判立场，为维护发展中国家团结、捍卫发展中国家共同利益发挥了重要作用。中国还积极参加二十国集团（G20）、国际民航组织、国际海事组织、金砖国家会议等框架下的气候议题磋商谈判，调动发挥多渠道协同效应，推动多边进程持续向前。

三是与多个国家和国际组织展开生态环境保护合作。中国与法国、肯尼亚等国签署两国部门间环保合作文，发表和签署中国新加坡环境合作备忘录、中国加拿大应对海洋垃圾和塑料污染联合声明；中日韩环保合作首次提出三国在东亚区域环境合作的三项原则，即"同舟共济、利益共享、共同呵护"；积极落实《中国—东盟环保合作战略（2009—2015）》及《中国—东盟环境合作行动计划（2011—2013）》，全面推进"中国—东盟绿色使者计划"；通过参与中美、中欧投资协定，中韩、中日韩自贸区以及世贸组织环境第18轮、40多人（次）谈判，着力构建有利于促进环境保护优化经济发展、环境服务业扩大对外开放、环保产业和服务走向国际市场的国际规则；加强和中东欧国际合作启动"16+1"环保合作机制，通过中国—中东欧环境合作框架文件；持续推动西北太平洋行动计划、东亚海协作体、亚太经合组织绿色供应链合作网络、东亚酸沉降监测网、大图们倡议合作。

四是向国际社会讲述中国环保故事，提供中国生态环境建设优秀案例。国际社会对中国生态文明建设工作给予高度肯定，如联合国环境领域最高奖项——地球卫士奖分别在2017年和2018年授予塞罕坝林场和浙江"千村示范、万村整治"工程。此外，中国成功举办世界环境日、《生物多样性公约》第十五次缔约方大会等生态环境保护领域国际活动会议，助力中国生态文明建设理念被国际社会更多地了解和认识。

中国是一个拥有14亿多人口的发展中国家，是遭受气候变化不利影响最为严重的国家之一。即便是在巨大发展压力下，中国依然坚持深度参与全球治理、打造人类命运共同体理念，助力全人类共同发展，充分体现了大国的责任担当。

后　记

"走向生态文明新时代,建设美丽中国,是实现中华民族伟大复兴的中国梦的重要内容"。生态环境是人类生存最为基础的条件,是人类社会可持续发展最为重要的基础,是人类文明延续最为基本的保障。建设生态文明关系人民福祉、关乎民族未来的千年大计,是实现中华民族伟大复兴的战略任务。

党的十九届六中全会指出,"党的十八大以来,党中央以前所未有的力度抓生态文明建设,全党全国推动绿色发展的自觉性和主动性显著增强,美丽中国建设迈出重大步伐,我国生态环境保护发生历史性、转折性、全局性变化。"《新时代的生态文明建设》系《新时代这十年》丛书之一,力图对新时代的生态文明建设中一系列根本性、开创性、长远性工作进行全面总结,对新时代美丽中国建设的成就与经验、地位与意义进行研究阐释。

中国社会科学院当代中国研究所副所长宋月红研究员担任本卷主编,统筹编写工作,研究制定写作大纲,明确撰写思路和章节安排,审改全部书稿以及在编写过程中需要重点研究的问题。中国社会科学院杨发庭副研究员和当代中国研究所龚浩参加编写工作。中国社会科学院大学张亦瑄博士和房琳薇博士亦有贡献。

由于研究水平有限,书中难免存在不足之处,诚恳欢迎广大读者批评指正。

本卷编写组

2022 年 8 月